动物科学卓越专业建设指引

李清宏　解晓悦　编著

科学出版社
北　京

内 容 简 介

专业建设是高等学校的重要任务。本书围绕专业建设的基本问题，以动物科学专业为例，详尽分析了《普通高等学校本科专业类教学质量国家标准》与《普通高等学校本科农林类专业认证标准》的内容要求，提出了卓越专业建设的基本路径与评价方法。

本书可作为动物科学专业卓越水平建设的指导书，高等教育教学管理人员的教育培训书，也可以作为动物科学专业本科学生专业导学课的参考书。

图书在版编目（CIP）数据

动物科学卓越专业建设指引/李清宏，解晓悦编著. —北京：科学出版社，2020.12

ISBN 978-7-03-066589-8

Ⅰ. ①动… Ⅱ. ①李… ②解… Ⅲ. ①高等学校-动物学-学科建设-研究-中国 Ⅳ. ①Q95

中国版本图书馆 CIP 数据核字（2020）第 211364 号

责任编辑：吴卓晶 / 责任校对：马英菊

责任印制：吕春珉 / 封面设计：北京睿宸弘文文化传播有限公司

科学出版社出版

北京东黄城根北街 16 号

邮政编码：100717

http://www.sciencep.com

北京中科印刷有限公司 印刷

科学出版社发行　各地新华书店经销

*

2020 年 12 月第 一 版　开本：B5（720×1000）

2020 年 12 月第一次印刷　印张：9 1/4

字数：186 000

定价：79.00 元

（如有印装质量问题，我社负责调换〈中科〉）

销售部电话 010-62136230　编辑部电话 010-62143239（BN12）

前　言

教育是国之大计、党之大计，是民族振兴、社会进步的重要基石，是功在当代、利在千秋的德政工程，事关国家科教兴国战略、人才强国战略的实现与民族复兴工程。到 2035 年，总体实现教育现代化，迈入教育强国行列，高等教育竞争力必须得到明显提升。

专业是高等学校（简称高校）本科人才培养的基本单元。专业认证逐渐成为国际通行的专业教育质量保证制度，是专业教育国际互认的重要基础，关系专业的生存和发展。专业认证是专门性认证机构依照认证标准，对专业人才培养质量进行的外部评价，旨在证明专业现在和在可预见的将来能够达到既定的人才培养质量标准，已经成为我国自我评估、院校评估（审核评估、合格评估）、专业评估、国际评估、基本数据监测“五位一体”评估体系的重要组成部分。

开展普通高校专业认证，推动我国高等教育改革，提高教育质量，已经成为新时期我国一流大学和一流学科建设的重要内容。2015 年 12 月，教育部高等教育教学评估中心开始启动普通高校本科专业三级认证工作，制定了《普通高等学校本科专业认证实施办法（第三级）》和《普通高等学校本科专业认证标准（第三级）》，并在理学、农学、文学、经济学等学科开始试点。以新的教育理念为指导、本科专业三级认证为牵引的一流本科人才培养成为当前高等教育改革的重大任务。

本科专业认证秉持“学生中心”的教育理念、“产出导向”的教育体系、“持续改进”的质量观三大原则，核心是评价专业定位与社会需求的适应度、培养目标与培养效果的达成度、教师与教学资源的保障度、质量保障体系运行的有效度、学生与用人单位的满意度，与之前的本科教学评价相一致。

2018 年，《普通高等学校本科专业类教学质量国家标准》（以下简称《教学质量标准》）颁布，《普通高等学校本科农林类专业认证标准》（以下简称《专业认证标准》）征求意见，全国教育大会、新时代全国高等学校本科教育工作会议相继召开，为专业认证营造了良好的社会氛围。专业认证标准全面贯彻党的教育方针，坚持马克思主义指导地位，坚持中国特色社会主义教育发展道路，坚持社会主义办学方向；以凝聚人心、完善人格、开发人力、培育人才、造福人民为工作目标；以培养德智体美劳全面发展的社会主义建设者和接班人为根本任务；以推进教育现代化、建设教育强国、办好人民满意的教育为改革发展主线，突出以本为本、以德为先、学生中心、全面发展、目标导向、质量文化、融合发展、共建共享的教育理念。

世界一流大学和一流学科建设是党中央、国务院作出的重大战略决策，也是我国高等教育继“211 工程”“985 工程”后的又一国家战略，有利于提升我国高等教育综合实力和国际竞争力，为实现“两个一百年”奋斗目标和中华民族伟大复兴的中国梦提供有力支撑。为贯彻《统筹推进世界一流大学和一流学科建设总体方案》（国发〔2015〕64 号），进一步加强高校内涵建设，全面提升高等教育支撑创新驱动发展战略和服务经济社会发展能力，山西省于 2017 年启动实施了“1331”工程。该工程的主要任务是：落实立德树人的根本任务，全面加强重点学科、重点实验室、重点创新团队建设，促进高等教育内涵发展；全面加强高校协同创新中心、工程（技术）研究中心、产业技术创新战略联盟三项建设，促进高等教育与经济社会融合发展；努力产出一批对国家及地方经济、社会发展有重大贡献的标志性成果，提升高校服务山西省的创新驱动、转型升级能力。

卓越是专业认证的最高等级，即三级。卓越专业认证以国家教学质量标准为基础，是当前高校一流专业建设的基本依据。为了构建一套可复制、可操作的动物科学卓越专业人才认证培养体系，在山西省“1331”

工程优势特色专业建设项目的资助下，项目组准确把握国家要求，认真梳理教学质量标准与专业认证标准的核心要素，系统研究了国内高校的有效经验，从专业培养目标、毕业要求、课程建设、师资队伍、条件建设、质量保障、学生发展、特色构建、教学改革、经费保障等方面，提出了适合卓越专业认证的专业建设方案与评价路径，希望能够为动物科学及其他专业建设与认证提供帮助，为学生深刻认识、系统理解人才培养方案与学校有关制度提供支撑。

由于编写时间有限，加之作者水平有限，书中存在许多不足之处，敬请广大读者批评指正。

李清宏

2020年10月于山西太谷

目　　录

第1章　培养目标

培养目标是专业培养方案的重要组成部分，是人才培养方案的总纲，回答培养什么人与为谁培养人的基本问题，是考察专业定位与社会需求适应度的观察点。习近平总书记指出："坚持把优先发展教育事业作为推动党和国家各项事业发展的重要先手棋，不断使教育同党和国家事业发展要求相适应、同人民群众期待相契合、同我国综合国力和国际地位相匹配。"①

1.1　标准要求

1.1.1　教学质量标准

动物科学专业主要培养基础扎实，掌握动物科学的基本理论、基本知识和基本技能，接受与动物科学相关的调查、分析、评估、试验、设计和创新创业等方面的基本训练，能在动物科学相关领域或部门从事技术与设计、推广与开发、经营与管理、教学与科研及创新创业等工作，符合科技、经济及社会发展要求的应用型、复合型或创新型高素质专门人才。

各培养单位应根据上述培养目标和自身办学定位、区域特色、专业实际，以适应国家及区域发展战略为导向，准确定位本专业各类型人才培养目标和实现矩阵。培养目标应保持相对的稳定性，同时可根据经济、社会、文化的发展需要，对人才培养质量进行追踪，建立定期评估培养质量与培养目标相符合程度的机制，适时修订和完善。

---

① 习近平，2018．习近平：坚持中国特色社会主义教育发展道路 培养德智体美劳全面发展的社会主义建设者和接班人[EB/OL]. (2018-09-10)[2019-07-20].http://cpc.people.com.cn/n1/2018/0910/c64094-30284598.html.

1.1.2　专业认证标准[①]

专业认证标准（二、三级）要求如表1-1所示。

表1-1　专业认证标准（二、三级）要求

内容	二级	三级
目标定位	贯彻党和国家的教育方针，服务乡村振兴战略，围绕农业农村现代化和生态文明建设，培养懂农业、爱农村、爱农民的农林人才	贯彻党和国家的教育方针，服务乡村振兴战略，围绕农业农村现代化和生态文明建设，培养懂农业、爱农村、爱农民，具有创新能力、领军能力和社会责任的卓越农林人才。符合学校办学定位和特色，体现前瞻性和引领性
目标内涵	培养目标符合学校办学定位和特色，表述明确具体	培养目标表述明确具体、可衡量、可达成，体现德才兼备、全面发展的教育理念，突出适应社会经济发展要求的一流农林专业特色与优势，反映毕业生发展预期，并能够为专业教师、学生、农林企事业单位、政府部门及其他利益相关方所理解和认同
目标评价	能够定期对培养目标的合理性进行评价	能够定期对培养目标的合理性进行评价，并能根据评价结果进行必要修订。评价和修订过程应有毕业生、用人单位等利益相关方参与

1.2　制 定 原 则

培养目标制定要以建设适应需求、面向未来、引领发展、理念先进、保障有力的一流专业为宗旨。

1.2.1　全面贯彻党的教育方针

教育工作者要加快建设高水平本科教育，必须扎根中国大地，贯彻教育为人民服务、为中国共产党治国理政服务、为巩固和发展中国特色社会主义制度服务、为改革开放和社会主义现代化建设服务的基本要求。习近平总书记指出：“要努力构建德智体美劳全面培养的教育体系，

① 专业认证标准分为三级：一级为合格，二级为优秀，三级为卓越。

形成更高水平的人才培养体系。要把立德树人融入思想道德教育、文化知识教育、社会实践教育各环节，贯穿基础教育、职业教育、高等教育各领域，学科体系、教学体系、教材体系、管理体系要围绕这个目标来设计。"①

根据《中国教育现代化 2035》，人才培养目标必须以习近平新时代中国特色社会主义思想为指导，全面贯彻落实党的十九大精神，贯彻党的教育方针，落实立德树人根本任务，发展素质教育。广泛开展理想信念与品德修养教育，全面加强和改进美育教育，厚植爱国主义情怀，弘扬劳动观念精神，培养奋斗精神，不断提高学生思想水平、政治觉悟、道德品质、文化素养。强化实践动手能力、合作能力、创新能力的培养。落实健康第一的教育理念，构建德智体美劳全面发展的社会主义建设者和接班人的人才培养知识体系。

（1）加强理想信念教育。教育引导学生树立中国特色社会主义共同理想，增强学生中国特色社会主义的道路自信、理论自信、制度自信、文化自信，立志肩负起民族复兴的时代重任。

（2）厚植爱国主义情怀。让爱国主义精神在学生心中牢牢扎根，教育引导学生热爱和拥护中国共产党，立志听党话、跟党走，立志扎根人民、奉献国家。

（3）强化品德修养。教育引导学生培育和践行社会主义核心价值观，成为有大爱大德大情怀的人。

（4）培养奋斗精神。教育引导学生树立高远志向，历练敢于担当、不懈奋斗的精神，具有勇于奋斗的精神状态、乐观向上的人生态度，做到刚健有为、自强不息。

（5）拓宽知识、增长见识。教育引导学生珍惜时间，心无旁骛求知问学，增长见识，丰富学识，沿着求真理、悟道理、明事理的方向前进。

（6）增强综合素质。教育引导学生培养综合能力和创新思维。

---

① 习近平，2018. 习近平：坚持中国特色社会主义教育发展道路 培养德智体美劳全面发展的社会主义建设者和接班人[EB/OL]. (2018-09-10)[2019-07-20].http://cpc.people.com.cn/n1/2018/0910/c64094-30284598.html.

（7）强化体育教育。树立健康第一的教育理念，开齐开足体育课程，帮助学生在体育锻炼中享受乐趣、增强体质、健全人格、锤炼意志。

（8）加强和改进美育教育。坚持以美育人、以文化人，提高学生审美和人文素养。

（9）弘扬劳动精神。教育引导学生崇尚劳动、尊重劳动，懂得劳动最光荣、劳动最崇高、劳动最伟大、劳动最美丽的道理，能够辛勤劳动、诚实劳动、创造性劳动。

1.2.2 满足经济社会发展需求

动物科学专业人才培养目标要满足社会需求，服务国家和区域发展战略，适应现代畜牧业发展与经济全球化需要，助力“两个一百年”奋斗目标与中华民族伟大复兴的中国梦。要把满足人民对美好生活的向往作为人才培养的出发点和落脚点，把服务小康社会建设、打好三大攻坚战（防范化解重大风险、精准脱贫、污染防治）和乡村振兴战略作为人才培养的目标，培养适应畜牧业经济转型升级所需的创新型、实用型、复合型人才，增强人才培养的针对性、适应性，提升教育服务经济社会发展的能力，适应现代畜牧业发展的人才要求。要顺应经济全球化趋势，适应经济全球化发展要求，培养具有全球视野的人才。

1.2.3 体现学校办学定位与特色

不同层级、区域的学校学术底蕴与资源、历史传承、学生来源及质量、人才培养的定位有别，形成了不同的办学特色，人才培养目标要支撑学校的办学定位与特色发展。以山西农业大学为例，动物遗传育种与繁殖是学校唯一的国家重点（培育）学科。动物科学专业的人才培养必须支撑学校教学研究型大学建设的目标定位，致力于拔尖创新型人才的培养，鉴于学校在猪、羊、牛研究领域的历史传承，以及山西禽业产业的地位，因此要形成以“四大产业”为基础的人才培养目标。

1.2.4 符合人才培养与教育规律

人才培养通常需要具有超前性，如今动物科学专业的大学生是未来畜牧业发展的主力军。人才培养必须注重超前布局，以更远的历史站位、更宽的国际视野、更深的战略眼光，构建畜牧业现代化的教育目标与内容体系，使人才培养与畜牧业未来的发展要求相适应，要特别注重生物技术、信息技术与工程技术对畜牧业发展的深刻影响。

人才培养要符合人才成长过程的扬长避短规律。这种规律由人的天赋素质、后天实践和兴趣爱好形成，成才需要扬长避短。大学是成才的最佳年龄阶段，需要注重创新思维的培养与雄厚基础知识的奠基。注重人才培养中的师承效应，注重发挥“大师”的指导、点化作用。注重环境对人才培养的影响作用，打造人才成长共生效应与综合效应的环境基础。

1.2.5 落实学生为本的价值追求

培养符合社会要求的人才是办好人民满意的教育的根本，也是党的教育方针的基本要求。这个目标与社会主义现代化建设一脉相承，由为人民服务的要求决定。人才培养目标要贯彻“以学生为本”的思想，明确服务面向与能力需要。

1.3 培养目标表述

培养目标必须明确服务的产业面向、培养人才的素质要求、服务领域的能力要求及未来的就业部门与可从事的职业。根据国家人才类型适时调整表述用语。《教育部 农业农村部 国家林业和草原局关于加强农科教结合实施卓越农林人才教育培养计划2.0的意见》（教高〔2018〕5号）将农林人才分为拔尖创新型、复合应用型、实用技能型3个层次，各学校的人才培养规格要与之一致。山西农业大学动物科学专业培养目标表述如下。

（1）立足于社会经济发展对畜牧业的需求，围绕乡村振兴战略和山西畜牧业区域发展战略，培养具有良好道德修养、人文底蕴和社会责任感（修养），具有开阔的国际视野和较强的创新能力（素质），熟悉现代畜牧业畜禽环境设计、种质资源挖掘利用、饲料资源开发利用、畜禽饲养管理、畜产品加工、畜牧生产经营管理等方面的基本理论、知识和技能（能力），能够在畜牧部门及相关单位从事与畜牧业生产、管理和科研有关的技术推广、企业行业管理、科学研究与人才培养等工作（职业定位）的拔尖创新人才（人才定位）。

（2）立足于社会经济发展对畜牧业的需求，围绕乡村振兴战略和山西省畜牧业区域发展战略，培养具有良好道德修养、人文底蕴和社会责任感（修养），具有开阔的国际视野和较强的创新能力（素质），熟悉现代畜牧业畜禽环境设计、种质资源挖掘利用、饲料资源开发利用、畜禽饲养管理、畜产品加工、畜牧生产经营管理等方面的基本理论、知识和技能（能力）的拔尖创新人才（人才定位）。毕业后（职业定位）：①能够在畜牧及相关企业从事与畜牧业生产、管理有关的技术推广、企业管理等工作（实用技能型人才）。②能够在畜牧行业管理部门及其他行政事业单位从事与畜牧业有关的行政管理和技术推广（复合应用型人才）。③能够在与畜牧相关的教育科研单位从事科学研究与人才培养等工作（拔尖创新型人才）。

（3）培养适应全球畜牧业发展可持续化的人才需求，具备良好的人文素养、社会责任感和扎实的专业基础理论（素质），掌握动物育种、营养、饲料、环境的研究方法，能够在动物种业、饲料工业、畜禽环境工程、畜牧设备工业、畜禽养殖业与屠宰加工业等领域（职业定位）从事生产应用、生产管理和科学研究的拔尖创新人才（人才定位）。要求毕业生具有遵守职业规范，与同事、客户合作共事，与公众有效沟通的能力；能够综合运用多学科知识和现代技术手段，解决职业中遇到的技术和管理问题；能够紧跟畜牧业发展趋势，综合考虑社会、环境、法律等因素对畜牧业问题进行判断和决策，提出可行性解决方案（能力）。

1.4 专业需求

培养目标的合理性评价与专业需求调研相辅相成，相互支撑。培养目标要符合专业人才需求，专业人才需求通过培养目标的完善实现人才的有效培养。

1.4.1 专业需求调研

教育为经济建设服务是根本归宿，建立在对社会需求、国家发展战略和国际相关领域发展趋势调研分析基础上的专业人才培养目标才具有针对性。专业需求调研包括知识需求与人才需求两个方面，调查形式有问卷调查与实地调查两类，调研路径有职业定位分类调研报告（重点企业等单位人力资源调查分析）、招聘单位用人岗位需求统计分析、近十年毕业生就业趋势分析、优秀校友专业建设恳谈会、国家发展战略分析与国际相关领域的趋势分析等。

招聘单位用人岗位需求反映了行业对学生的知识结构要求，是培养目标中能力需要信息的重要来源。各学校要高度重视每年学校组织的招聘会中招聘单位的人才岗位统计分析工作。

1.4.2 培养目标评价

定期对培养目标的合理性进行评价，并根据评价结果对培养目标进行及时修订是完善人才培养的重要环节，是专业认证的基本要求，体现持续改进的教育理念。评价和修订不仅体现在人才培养的过程中，还反映在人才培养的效果上。构建定期评价机制，明确评价主体、周期、内容、方法、流程。要把内部评价与外部评价有机统一。培养目标的修订要体现评价结果的应用。评价与修订过程要有行业或企业专家参与；要获得教师与学生的认同。湖北工业大学材料与化学工程学院基于学习产出的教育模式（outcome-based education，OBE）的人才培养目标评价机制具有一定的借鉴价值（图 1-1）。

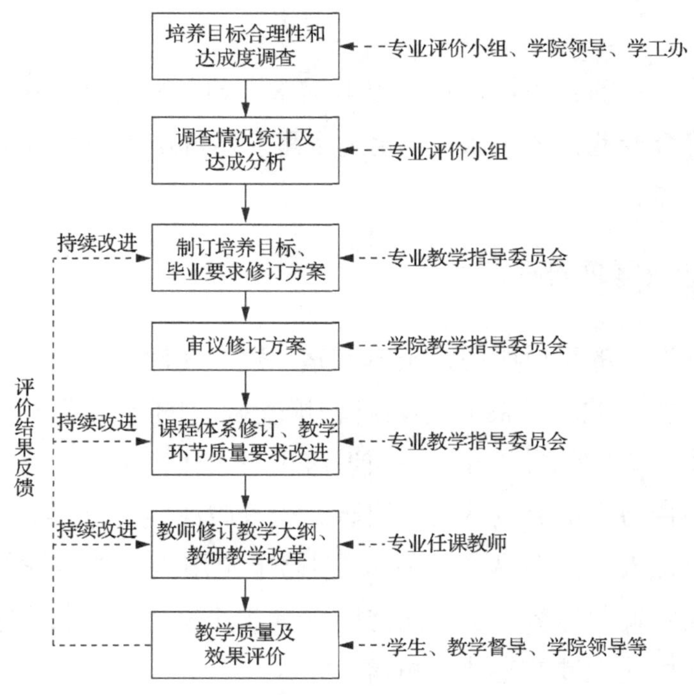

图 1-1　湖北工业大学材料与化学工程学院基于 OBE 理念的人才培养目标评价机制（张高文等，2019）

培养目标的合理性评价包括人才培养目标与学校定位的吻合度、人才培养目标与行业发展的契合度、人才培养目标的达成度及利益相关者的认同度 4 个方面。

（1）人才培养目标与学校定位的吻合度。不同学校的动物科学专业在各自学校的地位不同，对学校发展的承载任务也不同，人才培养的定位有别。以山西农业大学为例，动物科学专业的依托学科是山西省重点学科，服务面向山西省，发展目标是建设特色鲜明、全国知名的高水平农业大学，动物科学专业要承担高水平重任，人才培养目标必须支撑高水平人才培养，培养重点是创新型大学生的培养，研究生录取率自然成为支撑这一目标的关键指标之一。中国农业大学的培养定位是创新型、复合型领军人才，需要培养具有高度社会责任感、富有创新精神与能力、宽厚的人文与自然科学基础、扎实的专业基础知识与实践技能的人才。评价指标是领军人才在创新和其他领域的达成率。

（2）人才培养目标与行业发展的契合度。要从国家战略角度对专业培养目标是否与当前行业发展相符合进行分析，通过社会经济发展需求分析、同行专家咨询、教师及用人单位座谈等方式，判断人才培养目标与行业发展的契合度，是否适应国民经济及行业发展的变化，进而对现行培养目标进行合理性评价；同时，收集整理教师、行业及企业专家的具体建议，作为培养目标的修订依据。基本支撑材料为毕业生调查反馈表、就业率等。

（3）人才培养目标的达成度。可通过学生毕业后5～10年的职位调查数据支撑，通过毕业生达到的比例进行评判。例如，领军人才重点关注行业龙头企业的技术总监、总经理，或高校科研院所的青年拔尖人才、杰出青年获得者等；高素质人才重点关注中层管理人员。

（4）利益相关者的认同度。利益相关者的认同度评价包括毕业生对培养目标的认同度评价与用人单位对毕业生的满意度评价两方面。培养目标要体现学生毕业5年后的职业发展预期、毕业生的职业发展状况，除体现就业去向及行业领域外，一定程度上更能反映专业人才培养质量。可以用毕业 5 年以上学生的调查分析来衡量专业培养目标的合理性。建立毕业生跟踪反馈机制，通过现场或者网络向毕业生发放调查问卷，获取毕业年份、专业培养目标“知识、素质、能力”的评价及相关建议。用人单位对毕业生的满意度直接反映培养质量，是专业培养目标合理性评价及修订的重要依据。要通过定期问卷及座谈会，了解本专业毕业生在用人单位的表现与能力状况；通过用人单位对毕业生各项能力的满意度调查，分析现行培养目标的合理性，评价结果连同用人单位的具体建议作为人才培养目标修订的依据。主要调查内容为毕业生在用人单位从事的行业、工作职位及相应人员、培养目标的满意度及相关建议。

第2章　毕业要求

毕业要求是人才培养目标宏观内容的具体化，是专业认证的中心。学生的毕业要求取决于人才培养目标确定的职业能力要求与人才定位，脱离人才培养目标的毕业要求是不合理的。教学质量标准与专业认证标准均对动物科学专业的毕业要求做了定性规定，要求学生达到文理兼容，理学、工学、经济学、管理学知识融合，以适应新时代畜牧业发展对多学科知识与能力的要求。《教育部 农业农村部 国家林业和草原局关于加强农科教结合实施卓越农林人才教育培养计划 2.0 的意见》要求促进学科交叉融合，用现代生物技术、信息技术、工程技术改造提升现有涉农专业，建设符合时代要求的“新农科”。

要制定适合培养人才类型的毕业要求，通过设置不同的课程结构，采用不同的培养模式，实现人才培养目标。拔尖创新型人才培养要顺应畜牧业创新驱动发展新要求，吸引优质生源，开设体现学科交叉融合、现代生物科技的学科前沿课程，及时用畜牧业发展的新理论、新技术更新教学内容，加强研究性教学，注重个性化培养，实施探究式、讨论式等教学方法，着力提升学生的创新意识、创新能力和科研素养，促进学生批判性思维和创新意识的培养。复合应用型人才培养要顺应农村一二三产业融合发展新要求，促进学科交叉融合，加强农科教结合、产学研协作，提高学生综合实践能力，丰富学生的多学科背景。实用技能型人才培养要顺应现代畜牧业建设新要求，以提升学生生产技能和经营管理能力为重点，改革教学内容和课程体系，加强技能实训基地建设，培养爱农业、懂技术、善经营的新型职业农民。

2.1 标准要求

2.1.1 教学质量标准

学生熟练掌握动物科学相应本科专业的基本理论和基础知识，系统进行基础研究和应用研究方面的科学思维训练、实验实习操作训练和创新创业训练，具有良好的科学思维和学术道德规范及一定的教学、科研、创新创业与管理能力。毕业生应达到如下要求。

（1）知识结构。①工具性知识：具有良好的口头表达和文字写作能力，能熟练地运用外语进行交流和阅读，能熟练运用现代信息技术。②人文社科知识：具有较高程度的政治学、文学、历史学、哲学、伦理学、艺术学、美学、法学、心理学等方面的通识性知识。③自然科学知识：具有扎实的数学、物理学、化学、生物学的基本理论与基本知识。④专业知识：系统掌握相关专业领域的基本理论、基本知识和创业基础，了解和掌握相关专业产业发展状况、学科发展前沿和发展趋势。

（2）能力结构。①具有良好的学习习惯，具有较强的自我学习能力，具有通过文献检索、资料查询、信息处理、科学研究等途径获取知识的能力。②具有较强的调查研究与决策、组织与管理、口头与文字表达能力，具有较强的实践能力、应用能力和社会适应能力，具有一定的创新创业能力等。③具备畜牧业可持续发展的理念，具有动物保护意识、环境保护意识和优质高效安全的生产意识。

（3）素质结构。①具备良好的思想道德素质：包括正确的政治方向，遵纪守法、诚信为人，有较强的团队意识和健全的人格。②具备良好的文化素质：掌握一定的人文社科基础知识，具有良好的人文修养、健康的人际交往能力和国际化视野。③具备良好的专业素质：受到严格的科学思维和专业技能训练，掌握一定的科学研究方法，有求实创新的意识和精神；在动物科学专业领域具有一定的综合分析和解决问题的能力。

④具备良好的身心素质：包括健康的体魄、良好的心理素质和生活习惯；达到教育部规定的《国家学生体质健康标准》。

各培养单位根据自身定位和培养目标，结合学科特点、行业发展、地域特点和社会需求，在以上要求的基础上，强化或补充相应的知识、能力和素质要求，形成人才培养多样化特色。

2.1.2 专业认证标准

专业认证标准（二、三级）毕业要求如表 2-1 所示。

表 2-1 专业认证标准（二、三级）毕业要求

项目	二级	三级
基本要求	应制定明确、公开的毕业要求。毕业要求能够支撑培养目标，并在学生培养全过程中分解落实。专业应通过评价证明毕业要求的达成	
理想信念	具有坚定正确的政治方向、良好的思想品德和健全的人格，热爱祖国，热爱人民，拥护中国共产党的领导；具有国家意识、法治意识和社会责任意识，树立正确的世界观、人生观、价值观，诚实守信，崇尚劳动，自觉践行社会主义核心价值观	
三农情怀	理解农业文明和乡村文化蕴含的优秀思想，具有懂农业、爱农村、爱农民的三农情怀，树立和践行"绿水青山就是金山银山"的生态文明与可持续发展理念	充分理解农业文明和乡村文化蕴含的优秀思想，具有懂农业、爱农村、爱农民的三农情怀和"爱农知农为农"素养，树立和践行"绿水青山就是金山银山"的生态文明与可持续发展理念
人文素养	掌握一定的政治学、经济学、哲学、艺术学人文社科知识，继承和发扬中华民族优秀传统文化，具有良好的人文修养和科学精神	掌握一定的政治学、经济学、哲学、艺术学等人文社科知识，继承和发扬中华民族优秀传统文化，具有深厚的人文底蕴和求真务实的科学精神
理学（科学）素养	具有较高水平的数学、物理学、化学、生物学方面的知识，有一定的经济学、管理学方面的知识，掌握较扎实的专业基本知识、基本原理和基本技能，理解本专业的知识体系基本思想和方法	具备扎实的理学基础理论知识和科学思维能力，能够运用数学、物理学、化学、生物学等自然科学领域的理论知识对科学、工程、技术等领域有关问题进行分析判断

续表

<table>
<tr><th>项目</th><th>二级</th><th>三级</th></tr>
<tr><td>专业综合（知识应用）</td><td>了解农林行业发展状况和趋势，具备运用所学专业理论知识和技能及信息技术分析和解决农林领域一般问题的能力</td><td>了解农林行业发展状况和趋势，能够运用所学专业理论和方法、信息技术、生物技术、现代工程技术、现代经营管理技术等对农林及相关领域的复杂问题进行系统分析和研究，提出相应的对策和建议，或形成解决方案</td></tr>
<tr><td>审辨思维</td><td>—</td><td>具有审辨思维能力，能够从多视角发现、辨析、质疑、评价专业及相关领域的现象和问题，提出创新性的见解或应对措施</td></tr>
<tr><td>沟通交流</td><td>具有良好的人际交往能力，具备口头、书面和运用数字化媒体等技术进行沟通交流的能力，以及向社会传播、普及农林相关领域基本知识的能力</td><td rowspan="2">具有较强的沟通表达能力，能够通过口头和书面、现代化媒体技术等表达方式与同行及社会公众进行有效沟通。具有团队协作精神，并作为主要成员或领导者在团队活动中发挥积极作用</td></tr>
<tr><td>团队协作</td><td>具有团队协作能力，能够与团队成员和谐相处，协作共事，并在团队活动中发挥积极作用</td></tr>
<tr><td>学习发展</td><td colspan="2">具有终身学习、创新创业意识和自我管理、自主学习能力，能够通过不断学习，适应社会需要，实现个人可持续发展</td></tr>
<tr><td>创新创业</td><td>—</td><td>具有创新创业意识，能够将创新思维、创新能力和创业精神在创新创业活动中付诸实践</td></tr>
<tr><td>全球视野</td><td>—</td><td>具有全球视野，关注食物安全、人类营养与健康、生态环境安全、可持续发展等重大国际发展问题，能够理解和尊重世界不同文化的多样性和差异性，具备跨文化的交流与合作能力</td></tr>
</table>

2.2 毕业要求设计

目标导向是专业认证的基本遵循。实现动物科学专业学生的毕业要求，除系统的课程与环节设置外，知识、能力与素质的培养体现在人才培养的各个环节，落实在每门课程，特别是需要系统组织好第二课堂，弥补课堂教育的不足，把专业思想政治融入课程思想政治，全面落实专业知识教育与人格教育的协同推进，实现培养健全人才的目标。要落实毕业要求的可衡量、导向性，将毕业要求明确分解落实到学生培养全过程的各门课程、各个环节，并绘制毕业要求培养矩阵图，实现教师教学的考核和评价，学生达成度在试卷、论文、报告等教学材料中有表达。

知识、素质和能力培养要与人才培养目标的职业定位、培养规格相匹配，不能相互隔离，两张皮。知识要支撑素质培养与能力要求，能力要求必须满足职业需要、人才定位。职业需要来源于专业需求调研中毕业生就业岗位的要求，人才定位来源于学校的专业水平与人才培养定位。

设计毕业要求的实现路径，要进一步凝练专业认证标准中各观察点中蕴含的知识、素质与能力要求，理清相互支撑关系，形成自己的实现路径。

2.2.1 凝练专业认证标准要求

传授知识、塑造价值、培养能力是一个有机的整体。学生的素质与能力培养以知识教育为基础，必须有课程知识与教学环节支撑。

1. 知识

知识要满足人才培养目标要求，知识点的学习要落实到课程中，体现在考试中。动物科学专业知识结构包括大学生知识与动物科学专业知识两大类，分别通过通识与专业课程（学科基础课程、专业基础课程与专业应用课程）来实现。教育质量标准中的 1～3 条为通识教育知识要求，包括语言表达（口头表达和文字写作）、外语、数学、物理、化学、生物、信息科学、工程技术、政治、文学、历史、哲学、伦理、艺术、美学、法学、心理等；第 4 条为专业知识，十分清晰地指明了知识的基本要求。

专业认证标准的知识体系要求如表 2-2 所示。

表 2-2　专业认证标准的知识体系要求

序号	观察点	认证要求
1	理想信念	了解国史、党史与社会主义核心价值观，培养协作精神
2	人文素养	掌握一定的政治、经济、哲学、文化等知识，培养审辨思维
3	沟通交流	了解世界多样文化，掌握语言表达与沟通技巧，提升沟通交流能力
4	三农情怀	了解中国农业
5	理学素养	掌握文献检索与科技论文写作方法，掌握数学、物理、化学、生物等领域的理论知识和实验技能，提升学习能力
6	专业综合	了解畜牧业发展状况和趋势，掌握遗传、育种、繁殖、营养、饲料、环境、饲养、管理与疫病等方面的基本理论和方法，培养创新创业能力与全球视野

注：1～3 通过人文社科课程支撑；4～6 通过自然科学知识支撑。

根据 1.3 培养目标表述，要求学生熟悉现代畜牧业畜禽环境设计、种质资源挖掘利用、饲料资源开发利用、畜禽饲养管理、畜产品加工、畜牧生产经营管理等方面的基本理论、知识。这些知识涵盖了畜牧业的场舍、良种、饲料、饲养、加工、企业管理、行业管理等方面，基本支撑了现代畜牧业产业链的主要环节，符合产业链发展的内在要求，达到了支撑的要求。

2. *素质*

素质教育内涵十分丰富，包括理想信念、人文素养、沟通交流、团队协作、学习发展、审辨思维、三农情怀、科学素养、知识应用、全球视野 10 个方面，可以概括为人品素质、生活素质与职业素质（表 2-3）。这些素质的培养一方面可通过知识学习，提高思想认同，拓宽学习方法，另一方面就是实践体验。要通过重大节日活动、身边的人和事件、各种第二课堂活动及教学活动的创新等，实现学生品德修养、人文素养、科学素养的提高，以及思维、视野、交流、协作、发展素质的拓展。

表 2-3　专业认证标准蕴含的素质教育要求

序号	观察点	类别	要求
1	理想信念	人品素质	拥护中国共产党的领导，热爱祖国，热爱人民，具有国家意识、法治意识和社会责任意识，自觉践行社会主义核心价值观
2	人文素养	生活素质	具有正确的人生观、价值观、世界观，自觉养成“人与人、人与自然、人与社会”的良好关系
3	沟通交流		具有通过口头和书面表达，以及现代媒体技术等表达的素质，与同行及社会公众进行有效沟通交流的素质
4	团队协作		具有团队协作精神
5	学习发展		具有终身学习和创新创业的意识，以及自我管理的本领，能够通过不断学习，适应社会需要，实现个人可持续发展
6	审辨思维		具有审辨思维
7	三农情怀	职业素质	具有懂农业、爱农村、爱农民的三农情怀，生态文明与可持续发展的理念
8	理学素养		具有利用自然科学思维方式与方法，科学分析问题的素质
9	知识应用		能够运用所学专业理论和方法，以及信息技术、生物技术、现代工程技术、现代经营与管理技术等对畜牧领域复杂问题进行系统分析和研究，具有提出相应对策和建议，或形成解决方案的素质
10	全球视野		具有全球视野

以上只是根据知识来源的基本划分，事实上，思想政治教育、科学素养培养与团队协作精神养成蕴含在所有教学环节与教学过程中。要全面落实立德树人根本任务，持续深化“三全育人”综合改革，把立德树人融入思想道德教育、文化知识教育、技术技能培养、社会实践教育各环节，推动思想政治工作体系贯穿教学体系、教材体系、管理体系，切实提升思想政治工作质量。要把科学素养与团队协作精神的培养贯穿人才培养全过程，三农情怀培养要贯穿所有专业基础课程与专业应用课程。

3. 能力

专业认证标准的能力要求如表2-4所示。能力培养基础在知识学习，根本靠实践锻炼。学习能力、知识整合与应用能力、职业发展能力（视野、思维、沟通、协作、学术）等的培养要通过课程综合实验、专业实习实训、毕业实习、毕业论文写作等环节的锻炼来实现。

表2-4　专业认证标准的能力要求

序号	观察点	要求
1	理想信念	具有利用自身行为习惯，引领社会公德与价值健康发展的能力，以及服务三农的意识
2	沟通交流	具有较强的语言表达与沟通能力
3	团队协作	具有团队协作能力
4	学习发展	具有学习能力、创新创业意识和自我管理能力
5	审辨思维	具有从多视角发现、辨析、质疑、评价专业及相关领域现象和问题，提出创新性的见解或应对措施的能力
6	全球视野	具有从世界视角分析粮食安全、食品安全、人类健康、生态环境、可持续发展等重大国家安全问题的能力
7	知识整合与应用能力	能够运用数学、物理、化学、生物等自然科学领域的理论知识和实验技能对农林领域有关问题进行分析判断的能力。能够运用所学专业理论和方法、信息技术、生物技术、现代工程技术、现代经营管理技术等对农林及相关领域的复杂问题进行系统分析和研究，提出相应的对策和建议，或形成解决方案的能力

2.2.2　厘清知识、素质与能力三者关系

专业认证标准中知识、素质与能力的支撑体系如表2-5所示。

表 2-5　专业认证标准中知识、素质与能力的支撑体系

知识	素质	能力
理想信念 三农情怀	品德修养	品德修养 团队协作
	团队协作	
	三农情怀	
人文素养	人文修养	审辨思维 学习发展
	审辨思维	
	学习发展	
沟通交流	沟通交流	沟通交流
知识整合 专业综合	科学素养	知识整合与应用能力 全球视野
	知识应用	
	全球视野	

综合表 2-2～表 2-5，形成专业认证标准内容体系（表 2-6）。

表 2-6　专业认证标准内容体系

知识		素质		能力	
观察点	认证要求	观察点	认证要求	观察点	认证要求
理想信念	了解国史、党史与社会主义核心价值观，协作精神	理想信念	拥护中国共产党的领导，热爱祖国，热爱人民，具有国家意识、法治意识和社会责任意识，自觉践行社会主义核心价值观	理想信念	形成自觉遵守国家法律与公民道德规范，自觉服务三农的能力
		团队协作	具有团队协作精神	团队协作	具有团队协作能力
三农情怀	了解中国农业	三农情怀	具有懂农业、爱农村、爱农民的三农情怀，具有生态文明与可持续发展理念	—	—

续表

知识		素质		能力	
观察点	认证要求	观察点	认证要求	观察点	认证要求
人文素养	掌握一定的政治、经济、哲学、文化等知识，培养审辨思维	人文素养	具有正确的人生观、价值观、世界观，自觉养成“人与人、人与自然、人与社会”的良好关系	—	—
		审辨思维	具有审辨思维	审辨思维	具有从多视角发现、辨析、质疑、评价专业及相关领域的现象和问题，提出创新性的见解或应对措施的能力
		学习发展	具有终身学习和创新创业意识和自我管理、自主学习能力，能够通过不断学习，适应社会需要，实现个人可持续发展	学习发展	具有学习能力、创新创业意识和自我管理能力，能够适应社会需要，实现个人可持续发展
沟通交流	了解世界多样文化，掌握语言表达与沟通技巧	沟通交流	具有通过口头和书面表达，以及现代媒体技术等表达方式，与同行及社会公众进行有效沟通交流的素质	沟通交流	具有较强的语言表达与沟通能力

续表

知识		素质		能力	
观察点	认证要求	观察点	认证要求	观察点	认证要求
理学素养	掌握文献检索与科技论文写作方法，掌握数学、物理、化学、生物学等领域的理论知识和实验技能	理学素养	具有利用自然科学思维与方法，能够科学分析畜牧领域有关问题，提出解决基本方法的素质	知识整合与应用能力	能够运用数学、物理、化学、生物等自然科学领域的理论知识和实验技能对农林领域有关问题进行分析判断。能够运用所学专业理论和方法、信息技术、生物技术、现代工程技术、现代经营管理技术等对农林及相关领域的复杂问题进行系统分析和研究，提出相应的对策和建议，或形成解决方案的能力
专业综合	了解畜牧业发展状况和趋势，掌握遗传、育种、繁殖、营养、饲料、环境、饲养、管理与疫病等方面的基本理论和方法	知识应用	能够运用所学专业理论和方法，以及信息技术、生物技术、现代工程技术、现代经营与管理技术等对畜牧领域复杂问题进行系统分析和研究，具有提出相应对策和建议，或形成解决方案的素质		
		全球视野	具有全球视野	全球视野	具有从世界视角，分析粮食安全、食品安全、人类健康、生态环境、可持续发展等重大国家安全问题的能力

2.2.3 形成毕业要求架构

根据表 2-6，结合学科分类与课程架构体系，将专业认证标准要求的内容设计为 4 项毕业要求。

（1）知识：了解国史、党史与社会主义核心价值观，了解中国农业、农村、农民。素质：拥护中国共产党的领导，热爱祖国，热爱人民，具有国家意识、法治意识和社会责任意识，自觉践行社会主义核心价值观；具有懂农业、爱农村、爱农民的三农情怀；具有生态文明与可持续发展的理念，具有团队协作精神。能力：形成自觉遵守国家法律与公民道德规范，自觉服务三农的能力与团队协作能力（核心支撑课程：思想政治课程群）。

（2）知识：掌握一定的政治、经济、哲学、文化等知识；了解世界多样文化；掌握语言表达与沟通技巧。素质：具有正确的人生观、价值观、世界观，自觉养成“人与人、人与自然、人与社会”的良好关系；具有不断学习的习惯和创新创业意识，能够通过不断学习，适应社会需要，实现个人可持续发展；具有通过口头和书面表达，以及现代媒体技术等表达方式，与同行及社会公众进行有效沟通交流的素质。能力：审辨能力；具有终身学习和创新创业意识和自我管理、自主学习能力，能够通过不断学习，适应社会需要，实现个人可持续发展；具有通过口头和书面表达，以及现代媒体技术等表达方式，与同行及社会公众进行有效沟通交流的能力（核心支撑课程：其他人文社科课程）。

（3）知识：掌握文献检索与科技论文写作方法，掌握数学、物理、化学、生物等领域的理论知识和实验技能。素质：具有利用自然科学思维与方法，能够科学分析畜牧领域有关问题，提出解决的基本方法。能力：能够运用数学、物理、化学、生物等自然科学领域的理论知识和实验技能对农林领域有关问题进行分析判断（核心支撑课程：学科基础课程）。

（4）知识：了解畜牧业发展状况和趋势，掌握遗传、育种、繁殖、营养、饲料、环境、饲养、管理与疫病等方面的基本理论和方法。素质：能够运用所学专业理论和方法，以及信息技术、生物技术、现代工程技术、现代经营与管理技术等对畜牧领域复杂问题进行系统分析和研究；具有全球视野与协作精神。能力：能够运用所学专业理论和方法、信息技术、生物技术、现代工程技术、现代经营管理技术等，提出相应的对策和建议或形成解决方案；具有从世界视角，分析粮食安全、食品安全、人类健康、生态环境、可持续发展等重大国家安全问题的能力（核心支撑课程：专业基础课程与专业应用课程）。

2.2.4 提出毕业要求

动物科学专业学生的毕业要求要细化为具体的内容要求，有明确的课程支撑，在学生培养全过程中能得到合理的分解落实，达到可教学、可衡量、可评估。

山西农业大学动物科学专业学生的毕业要求如下。

（1）了解党情、国史与中国三农，培养具有良好政治觉悟、健康价值追求与三农情怀的社会主义建设者与接班人。①了解国史、党史与社会主义核心价值观，拥护中国共产党的领导，热爱祖国，热爱人民，具有国家意识、团队精神，提升爱党爱国的自觉性（思想政治课程群）。②掌握社会主义核心价值观，培养正确的人生观、价值观、世界观，自觉养成“人与人、人与自然、人与社会”的良好关系，提升法治意识、诚信意识和社会责任感，自觉践行社会主义核心价值观，具有团队协作精神，形成自觉遵守国家法律与公民道德规范的能力（思想政治课程群）。③了解中国三农，培养具有懂农业、爱农村、爱农民的三农情怀，具有生态文明与可持续发展的理念，形成自觉服务三农的能力与团队协作能力（大国三农）。

（2）掌握一定人文社科知识与语言文字技术，了解中华文化与世界文化，提升学生适应社会与利用社科知识解决畜牧业问题的能力。①掌握一定的政治、经济、哲学、文化等知识，培养政治思维、经济管理思维、审辨思维与审美能力，提升利用政治视角、经济手段，分析与解决畜牧业问题的能力（人文社科其他课程）。②掌握生活、学习的知识与方法，了解创新创业知识，树立终身学习理念和创新创业意识，提升自我管理、自主学习能力，能够通过不断学习，适应社会需要，实现个人可持续发展（人文社科其他课程、文献检索与科技论文写作）。③了解世界多样文化与中华文化，掌握语言表达与沟通技巧，培养通过口头和书面表达，以及现代媒体技术等方式，与同行及社会公众进行有效沟通交流的能力（人文社科其他课程）。

（3）掌握自然科学学科与现代科学领域的基本知识，提升创新能力与利用工程技术解决畜牧业问题的能力。①掌握数学、物理、化学等领域的基础理论和基本技能，培养科学思维与方法，提升运用数学、物理、化学等自然科学理论知识和实验技能分析、判断与解决畜牧业有关问题的能力（学科基础课程）。②掌握生物学基本理论和实验技能，提升利用生物学知识科学分析畜牧领域有关问题，并提出解决思路的能力（学科基础课程）。③掌握现代信息科学与工程科学的基础理论和基本技术，培养运用信息工程与畜牧工程技术，解决畜牧业有关问题的能力（工程技术类课程）。

（4）了解世界畜牧业发展与畜牧科技进展，掌握畜牧业科学基本理论与技术，培养解决畜牧业问题的能力。①了解世界畜牧业发展状况和趋势，树立全球视野，培养从世界视角，分析粮食安全、食品安全、人类健康、生态环境、可持续发展等重大国家安全问题的能力（专业基础课程与专业应用课程）。②了解世界畜牧业科技发展状况和趋势，掌握遗传育种、动物繁殖、营养饲料、动物环境、饲养管理、疫病防控与生产管理等生产环节所涉及的基本理论、基本技能与协作精神，能够运用所学专业知识对畜牧领域复杂问题进行系统分析和研究，并提出相应的对策和建议或形成解决方案的能力（专业基础课程）。③了解世界猪、鸡、牛、羊等主要畜产品的分布与产业发展情况，掌握4种主要畜禽的品种特性、营养饲料、饲养管理、场舍规划设计与生产管理技术，能够系统解决养殖业存在的问题（专业应用课程）。

（5）不同方向人才的能力要求。①拔尖创新人才要掌握世界畜牧业科技发展趋势，掌握动物遗传育种评价技术、动物营养研究技术、现代分子生物技术、细胞生物技术。②技能型人才要掌握畜牧业生产技术现状，掌握动物性能测定技术、动物繁殖技术、动物饲养管理与生产管理技术。③复合型人才要了解畜牧业技术的发展趋势，掌握管理科学与经济原理，熟练掌握各类文章的写作技术。

2.3 毕业要求评价

毕业要求评价包括支撑度评价与达成度评价两个方面。支撑度评价重在考察毕业要求设计与人才培养目标的支撑力；达成度评价重在考察毕业生人才培养毕业要求的实现度。

2.3.1 支撑度评价

支撑度评价重点考察人才培养方案中毕业要求是否支撑人才培养目标。例如，2.2.4 节山西农业大学动物科学专业的毕业要求（1）～（3）支撑了毕业生的基本要求；毕业要求（4）支撑了畜禽环境设计、种质资源挖掘利用、饲料资源开发利用、畜禽饲养管理、畜产品加工、畜牧生产经营管理等的专业知识、能力与素质培养要求；毕业要求（5）支撑了分类人才的专业知识差异要求。

支撑度评价可通过毕业要求支撑培养目标关系分析矩阵进行详尽评价（表 2-7）。

表 2-7 毕业要求支撑培养目标关系分析矩阵

项目	毕业要求 1	毕业要求 2	毕业要求 3	……	毕业要求 *n*
培养目标 1					
培养目标 2					
培养目标 3					
……					
培养目标 *n*					

2.3.2 达成度评价

达成度评价是评价学生毕业时的知识、能力与素质的达成度，是考察人才培养目标是否实现的重要指标，是发现学生能力短板、改进培养方案与培养方式的有效途径，是人才培养的出口评价。通过跟踪某届学生的学习轨迹与毕业生的反馈信息可以对毕业要求达成度进行评价，证明学生的能力是否达成。鉴于学生毕业达成度考察涵盖学生的思想、修养、知识与能力等领域，加之不同专家学者的认识与理解不同，在学校评价中表现出对学生毕业要求达成度考察点与形式的多种多样。有的通过学生培养材料分析，有的通过师生谈话感知，有的通过师生共享文章体察，有的通过理论与实验测试考察，有的通过毕业生就业单位证明评价，有的通过学生行为举止反映等。事实上，为了科学推进面向新农科教育认证的专业人才培养模式改革，国家需要建立一套科学有效的毕业要求达成度评价标准体系，以便不同高校对人才培养过程实施持续改进。

尽管国家尚未制订统一的毕业要求达成度评价标准方案，但许多基本问题已经被业界广泛接受，具体如下。

（1）评价对象：应届毕业生。

（2）评价主体：学院、学校、第三方评估单位（专业评估单位）、用人单位等。

（3）评价标准：人才培养方案的毕业要求，以及专业认证标准、专业教学质量标准的相关要求。

（4）评价依据：课程设置、教学方法、考试模式、试卷及成绩表、作业、实验实习报告、课程设计、毕业论文（设计）及答辩成绩、实物作品、大学英语四六级考试、专业技能大赛等，以及毕业生调查反馈表、毕业率、就业率等制度保障体系。

（5）评价方法：定量与定性相结合。常见的定量评价方法有百分制法、等级评级法与指数法（表 2-8）3 种。

表 2-8　达成度评价指数法计算案例

毕业要求	毕业要求 1 人文素养与核心价值			毕业要求 2 专业知识、技能与视野			毕业要求 3 批判思维与创新能力		
主要支撑课程	课程 A	课程 R	课程 L	课程 C	课程 E	课程 M	课程 D	课程 G	课程 N
课程目标权重	0.20	0.50	0.30	0.40	0.30	0.30	0.40	0.30	0.30
课程达成度值	0.32	0.45	0.28	0.36	0.59	0.70	0.70	0.82	0.67
课程达成目标值	0.06	0.23	0.08	0.14	0.18	0.21	0.28	0.25	0.20
毕业要求达成度	0.37			0.53			0.73		

注：课程达成度值的计算方法参见表 3-11；课程目标权重在课程设置时确定。

（6）评价人：专业负责人、主管部门。

（7）结果通报：要将评价结果在专业内进行公开通报，以便改进。

（8）改进落实：要根据评价结果，分析产生的原因，及时调整课程体系、教学方法。

第3章　课 程 建 设

课程是人才培养的基本要素，是落实人才培养目标达成度的重要手段，是专业认证的基本点。课程建设涉及课程体系构建、课程内容与教学方式确定、课程考核方式选择等。课程体系必须支撑毕业要求达成；课程内容与教学要实现毕业要求达成；课程考核要证明毕业要求达成。

通识课程设置必须全面贯彻党的教育方针，开齐开足有关政策规定必须开设的安全教育等人文素养、科学素养课程，并将有关知识融入专业教学和社会实践中。专业课程设置要与培养目标相适应，课程内容要紧密联系产业发展实际，突出时代性和前瞻性，注重学生职业能力和职业精神的培养，一般按照职业岗位（群）能力要求，确定 6～8 门专业核心课程和若干门专业课程。学校还应组织开展劳动实践、创新创业实践及其他社会公益活动。

根据相关要求，专业课程总学时（学分）≤50%，通识课程≥30%，其中实践教学课程＞30%。

3.1　课 程 体 系

课程体系的划分依据不同，形成不同的体系结构。从教学行为角度分，课程分为理论课程与实践课程；从学习要求角度分，课程分为必修课程与选修课程；从课程教育功能角度分，课程分为通识课程与专业课程。

3.1.1　课程类别

不同标准对课程体系的分类不尽相同。教学质量标准将理论教学课程分为思想政治课程、通识课程、学科基础课程、专业课程 4 类。专业认证标准将理论教学课程分为通识课程、专业基础课程与专业课程 3 类，把思想政治课程归入通识课程，要求开设人文科学、社会科学、自然科学和艺术审美等课程（事实上，艺术审美类课程属于人文科学）。尽管这些分类方法不影响课程设置，但进一步澄清一些概念有利于课程体系的构建与分类管理。

通识教育，英文为 general education，有学者将其译为“通才教育”。19 世纪初，美国博德学院（Bowdoin College）的帕卡德（Parkard）教授第一次将它与大学教育联系起来。虽然人们对于通识教育概念的表述各有不同，但对通识教育的目标可以达成共识，即在现代多元化社会中，为受教育者提供的通行于不同人群间的知识和价值观（哈佛委员会，2010），简单讲就是大学生的基本素质要求教育，是素质教育的有效实现方式。通识教育源于 19 世纪，当时不少欧美学者有感于现代大学的学术分科太过专门、知识严重割裂，于是创造出通识教育，目的是通过对学生不同学科、不同知识的融会贯通，培养学生独立思考的能力。20 世纪后，通识教育已广泛成为欧美大学的必修科目。其实，通识教育思想在我国源远流长。《易经》：“君子以多识前言往行”；《中庸》主张，做学问应“博学之，审问之，慎思之，明辨之，笃行之”。古代人一贯认为博学多识才能达到融会贯通。

通识课程包括专业教育需要继续加深的理学教育基础课程，如数学、化学、物理学；培养文理兼容、理工兼顾的人文、社科、工科类课程，如思想政治教育、体育、英语、军事学、人生教育、计算机科学、工程科学、经济管理学等课程。

与通识教育相对应的是专业教育。专业教育是建立在一定学科基础上的专业知识、素质与能力的教育。实际上，学科与专业是两个不同分类的概念，传统用学科思维指导的专业建设难以适应现代产业的多学科现实需求。学科指一定的科学领域，与知识体系相联系，是自然科学、社会科学两大知识系统内知识子系统的集合，是科学分化的结果。专业是适应社会产业专门化分工的结果；专业教育是大学不同于其他阶段教育的显著特征。通常一个学科可以支撑不同的专业，一个专业需要不同的学科支撑。动物科学专业主要服务于畜牧业，而现代畜牧业的发展需要文科、理科、工科知识的协同支撑。

基于以上分析，将专业课程分为学科基础课程、专业基础课程、专业应用课程较为适宜。学科基础课程是动物科学专业的共性理论与技术课程，包括动物学、微生物学、生态学、生理学、生物化学、组织学、免疫学，及其向后延伸的课程，如生物化学延伸出的分子生物学，组织学延伸出的细胞生物学。专业基础课程指动物科学专业以理论教学为主的课，如动物环境卫生学、动物遗传学、动物繁殖学、动物营养学、饲料学、动物生产学、畜牧业经济管理学（交叉学科）。专业应用课程指动物科学专业以技术教育为主的课，包括技术教育课、部门（指畜牧产业部门）应用课、专业拓展课与延伸课，如动物环境工程学、动物育种学、动物繁殖生物工程学、配合饲料学、畜牧企业经营管理学等以技术教育为主的课程，猪生产学、鸡生产学、牛生产学、羊生产学等部门应用课程，以及马生产学、兔生产学、特种经济动物生产学等专业拓展与延伸课程。

2016年，《北京大学本科教育综合改革指导意见》将专业教学计划课程类型划分为公共与基础课程、核心课程（专业基础课与专业应用课）、限选课程、通识与自主选修课程4个部分，这一课程设置具有很强的借鉴价值。

3.1.2 课程性质

课程性质是课程体系建设的基本要素，通常分为必修课与选修课，有的学校在选修课中设置限选课，是适应人才培养总学时限定下国家要求开设课程的需要，是必修课与选修课结构调整的一种方法。目前，多数高校实行完全学分制，已经取消了限选课的设置。

必修课是学生毕业要求培养中必须学习的课程。所有专业核心课必须是必修课，但必修课不一定是专业核心课。凡涉及毕业要求的知识、能力、素质培养的课程必须是必修课。选修课本质上是由学生自己选择的，可选学也可不选学。必修内容设为选修课将无法满足毕业要求的全覆盖面。

选修课由学校根据实际情况统筹开设，学生自主选择修学。选修课一部分是国家在必修和选择性必修基础上设计的拓展、提高及整合性课程；另一部分是学校根据学生的多样化培养需求，结合当地社会、经济、文化发展需要，以及学校办学特色等设计的特色课程。专业选修课设置要与专业必修课形成逻辑上的拓展与延续关系，并形成课程模块（课程组）供学生选择性修读。要尽可能开设适合时代要求的跨学科、跨专业新兴交叉课程和创新创业课程。

3.1.3 课程设置思维

正确把握专业课设置思维，需要厘清学科、专业、课程三者的区别与联系。处理好三者关系是处理好学科建设和人才培养关系的前提与关键。

学科与专业是两个不同的概念，但密切相关。学科是知识存在的形态，是一定领域的知识的系统化。专业是大学人才培养的基本单位，是围绕人才培养目标形成的课程组合，依据社会分工和社会职业进行设置。社会分工和社会职业需要不同的知识结构、能力和素质要求，成为专业课设置的基本依据。学科建设不等于专业建设，学科建设可以促进专业建设但不能代替专业建设，二者有不同的规律和内涵：学科建设的要素主要是方向、团队、平台；而专业建设的要素主要是培养目标、教学大纲、教学计划、课程、教材、实践环节，以及培养模式等。

课程是高校教学的基本单元，不同课程有不同的课程目标。按照培养目标和课程目标，不同的学科知识通过结构化、逻辑化和系统化转化为课程。

学生所需的知识来自各个学科，构成专业要素的课程要依托各个学科。高水平的课程需要高水平的学科支撑，但高水平的学科需要有意识、自觉地把学科建设的成果转化为课程。学科建设成果转化成专业建设成果的核心是转化为课程，如开设学科前沿课程和跨学科课程，将学科建设最新成果转化为教学内容、转化为教材等。学科建设成果转化为课程建设成果，再通过课程教育促进人才培养质量的提高，实现专业建设。因此，学科是大学的基石，一流学科是一流大学建设的基础。没有高水平的学科，很难培养高素质的人才和产生高水平的科研成果。要把学科建设的资源、成果转化为高质量的人才培养，实现专业建设与学科建设的协同发展。

传统人才培养方案的课程设置以学科思维为导向，强调围绕学科知识，构建具有逻辑关系的动物科学课程体系（图 3-1）。专业认证思想则不同，紧紧围绕专业服务职业、产业的初心，围绕职业知识需求、产业链发展构建课程体系，支撑产出导向。课程设置的必要性由产业对学生毕业要求的知识与能力决定，并不强调课程间必须存在逻辑关系，一定要求其他课程作为支撑。当然，构建既具有相互依托逻辑关系，又支撑毕业要求的课程体系是最理想的（图 3-2）。

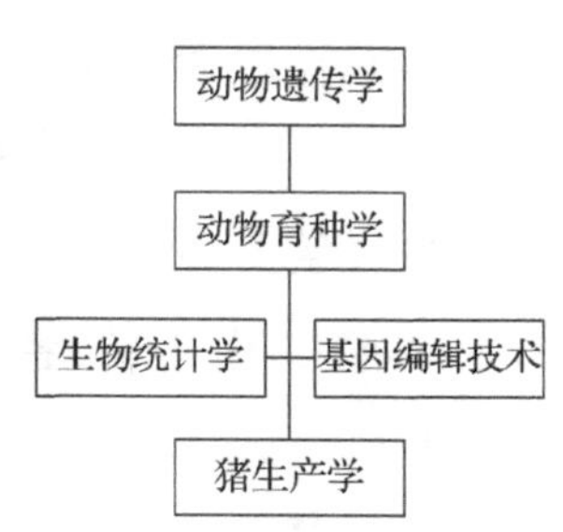

图 3-1　基于传统学科思维的动物科学课程设置逻辑

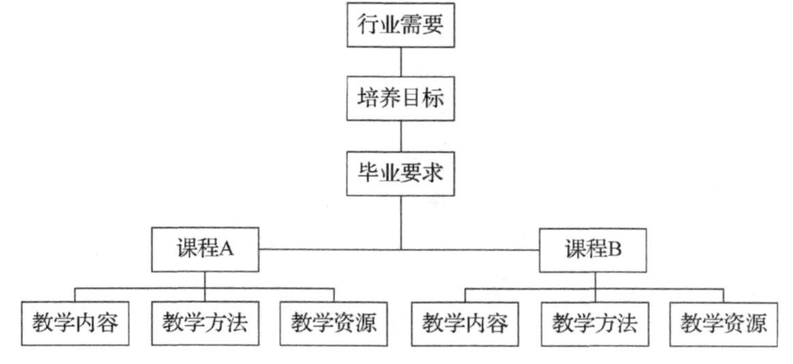

图 3-2　基于专业认证思想的课程设置体系

核心课是近年来课程建设领域常见的一个词，没有统一的定义，指该专业学生必备的知识能力课程，是知识结构的骨架，相当于过去的“主干课程”，目的是体现“少而精”。

不同学校有不同的课程设置理念。例如，复旦大学本科课程由通识课、文理基础课和专业课三大板块组成。通识课包括核心课、专项课和选修课。文理基础课设置人文、社科、经管、数学、自然科学、技术科学和医学 7 组，为学生提供基础性、公共性和学术性的宽口径专业教育。专业课由专业必修课和选修课组成。

3.1.4 课程体系案例

人才培养方案课程体系要反映专业认证关键指标，主要包括专业课课程门数、总学分/学时数、必修课学分/学时数、选修课学分/学时数、理学基础课学分/学时数、实验教学学分/学时数、集中性实践教学环节学分/学时数、专业课学分占总学分比例等。人才培养方案课程体系案例如表 3-1 所示。

表 3-1 人才培养方案课程体系案例

课程性质	课程类型	课程子类型	学分	课内学时			开课门数
				总数	理论	实验	
必修	通识课	思想政治类					
		学生发展类					
		其他人文社科类					
		其他自然科学类					
	理学基础课	数学类					
		化学类					
		物理类					
		生物类					
		工程技术类					

续表

课程性质	课程类型	课程子类型	学分	课内学时			开课门数
				总数	理论	实验	
必修	专业基础课						
	专业应用课						
	小计						
选修	通识选修课						
	专业选修课						
	小计						
集中性实践教学环节							
创新创业							
第二课堂							
三农社会实践							
毕业生学分最低要求							
选修与实践统计			实践教学环节所占比例			选修课比例	

动物科学专业要求毕业总学分为160～170学分，卓越专业认证要求人文社科类课程学分不低于30学分、数学类课程不低于8学分、化学类课程不低于10学分（含实验）、物理类不低于3学分（含实验）、实习实践类课程不低于总学时（或学分）的30%、创新创业类学分不低于2学分、毕业论文（设计）时间不少于6个月。专业课控制在50%以内。

3.2 理论课程标准要求

3.2.1 教育部要求

教育部要求高校开设的课程均为通识课。这些课程包括14门，分别为体育课、大学生心理健康与大学生安全教育、军事训练课、社会实践、创业基础、大学生职业生涯规划、大学生就业指导、马克思主义基本原理概论、毛泽东思想和中国特色社会主义理论体系概论、中国近现代史纲要、思想道德修养与法律基础、形势与政策、中华传统文化、大国三农①。

3.2.2 教学质量标准

教学质量标准要求思想政治课按教育部要求执行。

通识课明确了课程领域，要求包括人文和社会科学、外国语、计算机与信息技术、体育和艺术、经济与法律、创新创业，以及本专业之外的其他自然科学等。

学科基础课实际为理学素养课，分数学、物理、化学、生物 4 类。要求大学数学包括微积分、概率论、线性代数等；大学化学包括无机化学、分析化学、有机化学；大学物理包括热学、力学、光学、电磁学和流体力学等内容；生物课程结合畜牧生产与学生学习需要开设动物学基础或植物学基础等课程，还可开设动物（家畜）生态学、分子生物学、细胞生物学、动物保护学、动物行为学、动物福利、昆虫学等选修课程。

专业核心课：动物遗传学、动物育种学、动物营养学、饲料学、动物繁殖学、动物（猪、牛、羊、禽、蚕、蜂等）生产学。

专业课：动物解剖与组织胚胎学或蚕蜂解剖与生理学、动物生物化学、动物生理学、畜牧微生物学、动物营养学、饲料学、动物遗传学、动物繁殖学、动物育种学、生物统计与试验设计、饲料安全与营养价值评定、家畜环境卫生与牧场设计、动物生产学或应用昆虫学、兽医学、畜牧业经营管理等。

3.2.3 专业认证标准

不同等级专业认证标准的课程设置要求如表 3-2 所示。

① 根据教育部历年颁布的文件整理所得。

表 3-2　不同等级专业认证标准的课程设置要求

要求	类别	一级	二级	三级
基本要求	—	—	课程体系设置合理，能够支撑毕业要求的达成。课程内容注重基础性、科学性和实践性。思想政治教育、创新创业教育、国家安全教育、生态文明教育、劳动教育、职业素养教育贯穿人才培养全过程。（专业标准补充）课程由学校根据培养目标与办学特色自主设置。本专业补充标准只对人文社科类、自然科学类、工程技术类、专业基础类、专业类课程的知识领域提出基本要求	课程体系设置科学合理，能够支撑毕业要求的达成。课程结构应体现通识课与专业课、理论课与实验实践课、必修课与选修课的层次逻辑性和平衡性。思想政治教育、创新创业教育、国家安全教育、生态文明教育、劳动教育、职业素养教育贯穿人才培养全过程。（专业标准补充）课程体系由学校根据培养目标与办学特色自主设置，但专业开设课程必须包括《普通高等学校本科专业类教学质量国家标准》动物科学教学质量国家标准所要求的核心课程，其他各类课程，学校可自行设置课程
通识课	—	包括人文科学、社会科学、自然科学和艺术审美等课程	须包含以下知识领域：思想政治、哲学、经济学、法学、伦理学、艺术、心理学、外国语、体育等	在二级认证标准基础上由学校自主设定特色课程，学分不低于 30 学分
专业课	自然科学类	—	学生具备应用数学、物理学、化学（海洋渔业科学与技术专业除外）和生物学的原理和方法解决一般动物科学专业问题的能力。数学类课程应包括高等数学、概率论或线性代数等；物理类课程应包括大学物理及实验；化学类课程应包括无机化学与分析化学、有机化学及实验等；生物类课程应包括动物学基础或植物学基础，还可包括生态学、分子生物学、细胞生物学、行为学等课程	数学类课程不低于 8 学分，化学类课程不低于 10 学分（含实验），物理类不低于 3 学分（含实验）；生物类课程应包含现代生物技术、生态学等知识领域

续表

要求	类别	一级	二级	三级
专业课	工程技术类	—	须包含以下知识领域：计算机及现代信息技术、环境与工程、机械与工艺、动物性食品加工等	
	专业基础类	—	动物科学专业须包括：动物解剖与组织胚胎学或蚕蜂解剖与生理学、动物生理学、生物化学、畜牧微生物学、生物统计与试验设计、饲料安全与营养价值评定、家畜环境卫生学、兽医学、畜牧业经营管理等	—
	专业核心课	—	动物科学专业须包括：动物营养学、饲料学、动物遗传学、动物育种学、动物繁殖学、动物（猪、牛、羊、禽等）生产学等	—

3.3　理论课程设置

综合教学质量标准与专业认证标准的理论教学课程分类层级，将理论教育课分为必修课和选修课两个层次。

3.3.1　必修课

1. 通识课

综合教学质量标准与专业认证标准要求，动物科学专业通识课主要由人文社科类课程组成，要求学分不低于 30 学分，满足国家要求开设的全部课程后，即达到要求的学分。

思想政治类共有 16 学分，包括马克思主义基本原理概论（3 学分）、毛泽东思想和中国特色社会主义理论体系概论（5 学分）、中国近现代史纲要（3 学分）、思想道德修养（1.5 学分）、法律基础（1.5 学分）、形势与政策（2 学分）。

学生发展类共有 7 学分，包括大学生安全教育（1 学分）、大学生职业生涯规划（1 学分）、大学生心理健康（2 学分）、创业基础（2 学分）、大学生就业指导（1 学分）。

其他人文社科类共有 29 学分，包括外国语（12 学分）、体育（8 学分）、军事训练课（2 学分）、中华传统文化（2 学分）、大国三农（2 学分），以及畜牧业经济管理学（3 学分）。

工程技术类共有 2 学分，即计算机科学基础（2 学分）。

以上课程涵盖了专业认证标准要求的思想政治、哲学、经济学、法学、伦理学、艺术、心理学、外国语、体育等领域，以及现代信息技术。

2. 专业课

（1）理学素养课。理学素养课指专业认证标准中的自然科学类课程，其中：数学类课程不低于 8 学分，包括高等数学、概率论或线性代数等；化学类课程不低于 10 学分（含实验），包括无机化学与分析化学、有机化学及实验等；物理学类课程不低于 3 学分（含实验），包括大学物理及实验；生物学类课程无学分要求，包括动物学基础（普通动物学）、现代生物技术、畜牧微生物学。

（2）专业基础课。专业基础课包含专业质量标准中的专业核心课程（动物遗传学、动物营养学、饲料学，以及家畜环境卫生学），动物解剖与组织胚胎学、动物生理学、动物生物化学、生物统计与试验设计、饲料安全与营养价值评定、兽医学等作为专业延伸课程，各校根据实际选择性开设。

（3）专业应用课。专业应用课由专业认证标准中的自然科学类与工程技术类课程组成。自然科学类课程必须包括教学质量标准中的专业核心课程动物育种学、动物繁殖学、动物（猪、牛、羊、禽等）生产学等。工程技术类课程包括环境与工程（畜牧环境工程）、机械与工艺（饲养机械与牧场规划设计）、动物性食品加工（畜产品加工学）、配合饲料学等。专业应用课作为各学校的特色课开设，既可以满足专业认证的要求，又可以满足人才培养的需要。

动物科学专业必修课设置如表 3-3 所示。

表 3-3　动物科学专业必修课设置

课程类型	课程子类别	学分最低要求	开设课程
通识课	思想政治类	30	马克思主义基本原理概论、毛泽东思想和中国特色社会主义理论体系概论；中国近现代史纲要；思想道德修养；法律基础；形势与政策
	学生发展类		大学生安全教育、大学生职业生涯规划、大学生心理健康、创业基础、大学生就业指导
	其他人文社科类		外国语、体育、军事训练课、中华传统文化、大国三农、畜牧业经济管理学
	工程技术类		计算机科学基础
理学素养课	数学类	8	高等数学、概率论或线性代数
	化学类	10	无机化学与分析化学、有机化学及实验
	物理学类	3	大学物理及实验
	生物学类	—	普通动物学、现代生物技术、畜牧微生物学
专业基础课	—	—	动物解剖与组织胚胎学、动物生理学、动物生物化学、生物统计与试验设计、饲料安全与营养价值评定、兽医学，动物遗传学、动物营养学、饲料学，以及家畜环境卫生学
专业应用课	自然科学类	—	动物育种学、动物繁殖学、动物（猪、牛、羊、禽等）生产学
	工程技术类	—	畜牧环境工程、饲养机械与牧场规划设计、畜产品加工学、配合饲料学

必修课设置要支撑毕业要求，每门课程或教学环节要至少有一个高强度支撑（H）或两个中强度支撑（M），否则就没有开设的必要。评价课程设置对毕业要求的支撑度，可以使用课程支撑毕业要求关系矩阵分析表评价（表 3-4）。

表 3-4 课程支撑毕业要求关系矩阵分析表

序号	课程编号	课程名称	毕业要求1	毕业要求2	毕业要求3	毕业要求4	毕业要求5	毕业要求6	毕业要求7	毕业要求8	毕业要求9
1											
2											
3											
……											
……											
……											
n											

注：在表格空白处填写“H”“M”“L”“空白”中的一项，其中，H 为高强度支撑，M 为中强度支撑，L 为低强度支撑。

3.3.2 选修课

各层级的课程均应设置一定的选修课供学生自主选择，满足学生个性化学习需要，包括通识选修课、专业选修课。选修课以模块化设置较为合理。

通识选修课以拓展学科视野或深化学科知识为主，鼓励开设跨学科、跨专业的新兴交叉课程。通识选修课各校都有模块设置，要求学生从不同模块中选择一定课程学习，以克服学生自由选课导致的知识视野不全面的问题。不同学校的模块设计不同，南京大学设有中国历史与民族文化、世界历史与世界文明、价值观与思维方法、科技进步与生命探索、经济发展与社会脉动、文学艺术与美感、跨文化沟通与人际交往 7 个模块，复旦大学设有文史经典与文化传承、哲学智慧与批判思维、文明对话与世界视野、科学精神与科学探索、生态环境与生命关怀、艺术创作与审美体验 6 个模块，山西农业大学设有人文素养与文化传承、艺术鉴赏与审美体验、社会发展与当代中国、自然科学与工程技术、农业发展与生态文明、创新精神与创业实践 6 个模块。

专业选修课是专业必修课的拓展与延续，设置课程模块（课程组）

的目的与通识选修课不同，要求学生只能在公共模块与某个方向模块内选择性修读。对于培养多种类型人才的专业培养方案，专业选修课要根据人才培养类型分别设置不同课程模块，提出选修要求。教学质量标准提出的生态学（动物生态学）、分子生物学、细胞生物学、行为学（动物行为学）等选修课作为公共选修课开设。

山西农业大学选修课课程体系设置如表 3-5 所示。

表 3-5　山西农业大学选修课课程体系设置

课程类别	课程模块	最低学分要求	开设课程
通识选修课	人文素养与文化传承		
	艺术鉴赏与审美体验		
	社会发展与当代中国		
	自然科学与工程技术		
	农业发展与生态文明		
	创新精神与创业实践		
专业选修课	公共选修课		
	拔尖创新人才类型（本硕统筹班）		
	复合应用人才类型		
	实用技能人才类型		

3.4　实践课程标准要求

学生沟通交流、团队协作、自我学习等综合素质的培养除通过课程思想教育与学习教育外，更有效的途径是实践教学。实践教学课由课程实验、课程（专业）实习、毕业实习、创新创业锻炼，以及第二课堂活动（社会实践活动）组成。专业认证标准要求实践教学体系完整、目标明确、管理规范，能够对全过程实施质量监控；严格执行实习实践评价与改进制度，对实践能力和效果进行科学有效评价。

3.4.1　教学质量标准

构建实践教学体系，着重培养实验技能、专业实践能力、科学研究能力、社会实践能力、口头和书面表达能力、创新创业能力等。实践教学体系包括实验、实训、实习或创新创业训练、社会实践、毕业论文（设计）、科研训练或畜牧场调查。实践教学学时不少于总学时的 30%。

（1）实验、实训、实习。要根据专业教学实际需要，充分利用专业实验室、实践、实训教学基地和校外实习基地，独立设置实验、实训课程，组织专业实习。实验、实训和实习课程应当制定教学大纲，明确教学目的与基本要求，明确专业实习的主要内容及学时分配。实验和实训包括动物解剖与组织胚胎学、动物生物化学、动物生理学、动物营养学、饲料学、动物遗传学、动物繁殖学、畜牧微生物学、动物育种学、家畜环境卫生与牧场设计、动物生产学、兽医学等课程。主要专业课程必须设置实验和实训教学环节，有条件的高校可开设综合性大实验。要把加强实践教学方法改革作为专业建设的重要内容，重点推行基于问题、项目、案例的教学方法和学习方法，加强综合性实践科目设计和应用。结合相关课程教学活动和畜牧业生产实践组织实施，通过实习，使学生掌握动物的行为与福利、饲料研制和产品质量控制、品种遗传改良技术、养殖场环境控制和装备、动物生产工艺、动物产品加工、养殖场废弃物资源化利用等关键技术，并具有较强的专业应用能力和表达能力。

（2）社会实践。各培养单位应根据专业的实际需要，组织多种形式的社会实践活动，让学生了解社会生活，培养其社会责任感，增强其社会适应能力。

（3）科研训练或畜牧场调查。各培养单位应鼓励学生根据自己的兴趣或职业规划，选择科研训练或畜牧场调查。

（4）创新创业训练。各培养单位应根据学生创新创业需要，完善创新创业课程体系、建立创新创业教学方法和组建创新创业训练的师资队伍，加强专业实验室、虚拟仿真实验室、创业实验室和校外产学研合作基地建设，培养学生的创新意识和创业精神，认知创新创业环境，通过创业计划书撰写和模拟创新创业实践活动等，提升学生创新创业素质和能力。

（5）毕业论文（设计）。毕业论文（设计）可采取学术论文、毕业设计、调研报告等多种体裁。鼓励学生根据兴趣，结合社会实践及经济、社会的热点和难点问题，在指导教师的指导下创造性地开展毕业论文（设计）的撰写。毕业论文（设计）内容应综合运用所学的理论与专业知识，研究或分析解决生产中的实际问题。毕业论文（设计）的原始素材必须来源于学生亲自经历的毕业实习实践，撰写应符合自然科学论文写作规范，毕业论文（设计）应通过毕业论文答辩，整个过程应遵守学术道德和学术规范。本科生毕业论文（设计）必须安排指导教师。毕业论文（设计）指导教师由本专业具有讲师以上职称的教师担任，鼓励聘请行业主管部门、行业协会、企业等有关人员共同指导。指导教师应加强毕业论文（设计）在选题、开题、实验（试验）、数据分析、论文撰写等各个环节的指导和检查工作，强化学术规范，确保毕业论文（设计）质量。

3.4.2　专业认证标准

要求实践教学体系完整、目标明确。实践实验课程包括课程实验课、课程实习、专业综合实习、教学实习、生产实习、毕业实习、社会实践、创新创业、创新科研训练、公益劳动、毕业论文（设计）等。实践教学课程不低于总学时（或学分）的 30%。其中，毕业论文（设计）要结合专业开展选题，可以结合教师的科研项目对本专业领域的研究问题或专门技术问题进行专题研究；可以与企业、行业等部门结合，解决实际生产问题；可以在教师或行业部门专家指导下的创新创业项目中实习，时间不少于 6 个月。毕业论文（设计）环节应包括选题论证、文献检索、实验（设计）或调查研究、结果分析、写作与答辩等方面，使学生得到综合锻炼。结合生产项目进行的毕业设计（论文）应由教师与企业或行业的专家共同指导。

二、三级专业认证标准均要求定期开展大国三农等系列主题教育实践活动，并应有学分要求。强化学生社会实践，鼓励学生走进农村、走近农民、走向农业，引导学生“学农、爱农、知农、为农”，增强服务农业农村现代化的使命感和责任感。

学校应对学生创新创业进行指导，开设相关课程；通过科技创新活动参与教师科学研究的学生比例不低于70%；创新创业类学分不低于2学分。

3.4.3 其他要求

实践教学、军事训练、社会实践是各高校实践育人的主要形式。《教育部等部门关于进一步加强高校实践育人工作的若干意见》（以下简称《意见》）要求各高校要结合专业特点和人才培养要求，分类制订实践教学标准，增加实践教学比重，理工农医类本科专业不少于25%；深化实践教学方法改革，重点推行基于问题、基于项目、基于案例的教学方法和学习方法，加强综合性实践科目设计和应用；加强大学生创新创业教育；认真组织军事训练；系统开展社会实践活动，加强考核管理。

《意见》要求：各高校要把军事训练作为必修课，列入教学计划，军事技能训练时间为2～3周，实际训练时间不得少于14天。要通过开展军事训练，使学生掌握基本军事技能和军事理论，增强国防观念、国家安全意识，弘扬爱国主义、集体主义和革命英雄主义精神，培养艰苦奋斗、吃苦耐劳的作风。

《意见》提出：社会调查、生产劳动、志愿服务、公益活动、科技发明和勤工助学等社会实践活动是实践育人的有效载体。各高校要把组织开展社会实践活动与组织课堂教学摆在同等重要的位置，与专业学习、就业创业等结合起来，制订学生参加社会实践活动的年度计划。每个学生在学期间参加社会实践活动的时间累计应不少于4周，每个学生在学期间要至少参加一次社会调查，撰写一篇调查报告。要倡导和支持学生参加生产劳动、志愿服务和公益活动，鼓励学生在完成学业的同时参加勤工助学，支持学生开展科技发明活动。要抓住重大活动、重大事件、重要节庆日等契机和寒暑假，紧密围绕一个主题、集中一个时段，广泛开展特色鲜明的主题实践活动。

综合教学质量标准和专业认证标准，动物科学专业实践教学体系架构如表 3-6 所示。

表 3-6 动物科学专业实践教学体系架构

类别	项目	最低要求
第二课堂	军事训练	2 周
	公益劳动	
	社会实践（社会调查、生产劳动、志愿服务、公益活动和勤工助学）	4 周
创新创业	创新科研训练	
	创新创业训练	
集中性实践教学	课程实验	
	课程实习、实训（畜牧场调查）	
	专业生产实习	
	毕业实习	
	毕业论文（设计）	6 个月
合计	不少于总学分（学时）的 30%	

各高校要整合优化实践教学资源，构建课程、实践、平台、保障四位一体的创新创业实践教育体系。建立“基础实验＋综合实验＋创新实验＋实习实训＋毕业设计”的递进式实践课程体系；建立“课程实验、大学生创新创业计划、学科竞赛、实习实训、成果孵化”的全链条式工作机制，贯穿全年级、覆盖全体学生，打造“多级课堂联动、校院两级互动、师生共同参与、学习实践结合、校企协同育人”的创新创业实践教育特色；培育建立一批科研创新育人工作室，建成一批学生科技创新团队，用国内大学生创新实践教育提高学校的知名度和影响力。

3.5 课程标准化

课程标准化是课程建设的基本趋势，是专业认证标准的基本要求。专业认证标准对课程内容、教材使用、课程实施与课程考核均提出了明确的原则性要求，是课程标准化的基本遵循。只有实现课程标准化，才能确保课程体系建设的有效实施，否则，单纯地增加课时与压缩课时均不能实现课程内容的优化与教学效果的达成。课程标准化的核心是教学内容与教学方法的标准化。

3.5.1 专业认证标准

专业认证标准（二、三级）对课程的要求如表 3-7 所示。

表 3-7 专业认证标准（二、三级）对课程的要求

项目	二级	三级
课程内容	—	注重课程内容的前瞻性和挑战性，体现学科前沿、学科交叉融合，引入专业领域新理论、新知识、新技术等先进科研成果和典型案例，形成促进学生主体发展的多样性、特色化的课程文化
教材使用	选用优秀教材。 专业教学质量标准要求选用符合专业规范的国内外正式出版教材，其中国家和省部级规划教材应占 40%以上。鼓励专业教师结合专业发展与学科前沿主编、参编或自编教材。鼓励各培养单位有计划、有选择地使用高质量英文教材。 教师要根据教学需要，为学生提供参考书及其他参考文献目录，指导学生课外阅读专著、论文等其他专业文献资料	
课程实施	能够运用现代教育技术和方法，有效提高学生的参与度，形成良好的课堂氛围。专业核心课程主讲教师应由具有高级职称的教师担任	能够运用现代教育技术和方法，有效提高学生的参与度，形成对话、质疑、研讨的课堂氛围。 能够运用现代信息技术和手段，实现课堂教学与学生课外学习的有机结合，提高学生学习效果，满足学生多渠道获取知识的需求

续表

项目	二级	三级
课程考核		开展以能力为导向的多元评价，突出对学生学习能力、实践能力和创新能力的考核，建立多样化的学业指导和考核评价体系

3.5.2　课程教学大纲

课程教学大纲是课程教学的“法律文书”，是规范教师教学行为、指导学生学习的纲领性文件。制定规范有效的课程教学大纲并严格实施，是保障课程目标实现的重要手段。课程教学大纲要有效支撑毕业要求的达成，通过明确的课程说明、教学内容的合理设置、教学方法的有效安排、教材使用、课程考核（内容与方式）等实现课程目标的达成。

尽管各学校对课程教学大纲的格式要求不尽相同，但基本要素大体一致，主要包括：课程中英文名称、课程代码、课程性质（必修、选修）、学时、学分、先修要求，责任教师、主讲教师、课程说明、课程目标，课程各章节教学主要内容、教学方式与学时安排，课程教材与参考资料，课程考核等。

（1）课程性质由课程对毕业要求的支撑度决定。凡是对毕业要求具有高强度支撑、要求学生毕业时具备知识技能的课程必须是必修课。

（2）先修要求由课程内容决定，需要具备前期知识铺垫的课程必须在该课程之前开设，没有这些课程的知识基础，会造成学生理解困难。例如，学习“动物育种学”之前要学习“动物遗传学”；学习“饲料学”之前要学习“动物营养学”。

（3）课程说明要明确指出该课程是本专业的通识课、理学素养课、专业基础课还是专业应用课，明确主要讲授的内容、支撑的毕业知识要求，明确在专业中的位置。

（4）课程目标要针对毕业要求进行描述，阐明通过该课程的学习，要求学生系统掌握哪些知识，培养学生哪些能力与修养。例如，某课程的课程目标表述如下。通过本课程的理论学习和实验训练，使学生具备下列能力：①掌握国际贸易中涉及的合同、运输、保险、结算等实务操作方法，能够在国际贸易的具体实践案例中应用。②能熟练运用现代信息技术工具提高国际贸易实务工作的效率，利用实地调研、文献分析等方法研判影响因素，确定合理的贸易方式。③熟悉国际贸易的相关条约、惯例、法律法规和术语，并能在履行合同、违约索赔、争议解决等具体实践活动中自觉遵守。④能够针对国际贸易实务的问题，提出分析和评价意见，并通过团队合作和沟通交流，制定合理的改进方案。也可以将课程说明与课程目标合在一起称为课程简介。

（5）课程各章节主要教学内容、教学方式与学时安排是课程教学大纲的主体部分。教学目标的达成与教学内容及教学方式的有效设计密不可分、缺一不可。教学内容与课程目标要有明确的对应关系，教学方式要通过有效的途径设计利于课程目标的达成。教学内容要注重基础性、科学性、逻辑性和前瞻性，体现学科前沿和全球视野；要注重引入专业领域的先进科研成果和典型案例，并结合学生学习状况及时更新和完善；要充分挖掘和运用课程中蕴含的思想政治教育资源，形成促进学生主体发展的多样性、特色化的课程文化。教学方式要注重学生能力、素质的培养，注意运用现代教育技术和方法，提高学生的参与度，形成对话、质疑、研讨的课堂氛围；运用现代信息技术和手段，实现课堂教学与课外学习的有机结合，提高学生学习效果，满足学生多渠道获取知识的需求。实践环节要体现产学研全过程协同育人机制。学时安排要与教学内容、教学方式相配套，把教师导学与学生自学有机统一，切忌根据教学内容“满堂灌”设计学时。

课程各章节教学主要内容、教学方式与学时安排的编写有叙述式与表格式两种模式。各门课程可根据课程特色决定编写方式。

（6）课程教材与参考资料是教学内容的重要媒介与载体，教师要根据教学需要，为学生提供参考书及其他参考文献目录，指导学生课外阅读专著、论文等文献资料。教材与参考资料的选择要达到教学内容的相互补充，教材的使用要建立在教材分析的基础上，特别是一门课程有多版本教材的情况下，要说明该教材内容与教学内容的吻合度、不足，要通过参考资料弥补使用教材的不足。专业认证标准要求选用优秀教材。

（7）课程考核是评价课程教学目标是否达成的重要环节。考核环节要全面，比例要协调，要构建教学全过程的考核体系；考核方式要体现以能力为导向的评价，突出对学生学习能力、实践能力和创新能力的考核，建立多样化的学业指导和考核评价体系；切忌期末“一考定结果”的考核方式。考核内容与形式要体现课程目标，凡是培养能力要求的内容需要论述与应用题来支撑。要有明确的各环节评分标准，如课堂提问评分标准、试卷评分标准、课程论文评分标准、实验报告评分标准等。基本知识的考核要把科学性、准确性放在第一位；能力素质的考核要把逻辑性放在第一位。

当前，课程教学与考核存在的主要问题是课程教学大纲没有建立课程目标与毕业要求指标点的关系，教学内容和方法与课程目标不匹配；课程考试的内容与评分标准与课程目标没有对应关系，特别是实践教学，无法评价课程目标（对应毕业要求指标点）的达成情况。

为了确保课程教学大纲的高质量，各课程要在大纲后增设附件，提供课程目标、毕业要求、课程内容、教学方式、教学学时分析表，用于评价课程教学大纲的科学合理性（表 3-8）。

表 3-8　课程教学大纲设计分析表

序号	课程目标	毕业要求观察点	支撑教学内容	教学方式	学时安排	备注
1		2.1				
		3.2				
		4.1				
2		2.3				
		3.4				
		4.1				
3						

注：毕业要求观察点要对应毕业要求和知识、能力与素质要求观察点，表内编号为对应编号示范。

通识课中的中华优秀传统文化、体育课、大学生心理健康教育、军事训练课、大学生职业发展与就业指导、创业教育、思想政治理论课（马克思主义基本原理概论、毛泽东思想和中国特色社会主义理论体系概论、中国近现代史纲要、思想道德修养与法律基础）、形势与政策等课程，教育部均有专门文件提出教育指导纲要，对课程教学提出明确要求，课程教学大纲要严格落实。

教育部发布的《普通高中课程方案和语文等学科课程标准（2017 年版）》可以作为各高校课程教学大纲标准化制定的参考蓝本。

3.6　教 学 文 件

教学文件是支撑课程教学的基本材料，包括课程教学大纲、讲稿、教案、教材分析与评价。事实证明，只有规范的讲稿、教案才能保障课程教学大纲的落实。前面已经详尽介绍了课程教学大纲各部分的内容，这里仅就讲稿、教案、教材分析进行说明。

3.6.1　讲稿

讲稿是教师讲授知识点的书稿，但讲稿不同于教材的书稿。书稿所有内容要相互衔接，逻辑分明，体现系统性、逻辑性、整体性；而讲稿是教师授课每一个知识点的组成，各部分相互间不强调衔接，只强调知识点的完整、科学、准确，特别是有关概念。

讲稿要及时吸收学科新知识、新观点、新方法，反映时代要求，达到与时俱进。不能一本讲稿一直用，特别是专业应用课，知识更新很快。

3.6.2　教案

教案是教师每次教学内容的组织与实施方案，是路线图、时间表、措施表的设计。教案是评价教师每节课教学重点是否突出、教学设计是否科学、时间分配是否适当的重要依据。教案不同于讲稿，不要求知识阐述，只要把讲课的知识点提到即可。

PPT 既不是教案，也不是讲稿，只是一种教学媒介。不能因为教师使用 PPT 就不要求其准备讲稿与教案。

3.6.3 教材分析

教材分析是对教材内容满足教学目标的支撑度、知识的先进性、内容体系的完整性、语言表述的科学性、文稿编排规范性等进行评价，提出使用意见。如果有多个版本的教材，必须对各个版本教材的优、缺点进行比较分析，以解释为什么使用该教材而不用别的教材。教材分析要依据课程教学大纲与教学目标，系统分析教材知识体系的支撑度、教材内容的先进性。如果教师授课内容与教材内容差距很大，说明该教材不支持该课程。决不能出现教材分析表明非常适合，而实际教学内容吻合度不足 50%的现象。

3.7 课程评价

专业认证标准要求定期评价课程体系的合理性、课程内容的支撑度和课程教学目标的达成度，并根据毕业生和用人单位的反馈意见修订课程体系、课程目标和课程内容。评价与修订过程应有在读学生、毕业生、用人单位及行业组织参与，体现专业发展的引领及社会和行业的需求。

3.7.1 课程体系合理性评价

课程体系设置是否科学合理的评判依据是教学质量标准与专业认证标准。

课程体系设置的合理性包括与学校人才培养方案要求的合标性、与毕业要求的支撑度、课程结构的平衡性、课程体系的逻辑性、学校特色呈现度。通常通过定性与定量相结合的方式进行评价，可用表 3-9 自评。

表 3-9 动物科学专业人才培养课程体系合理性评价

一级指标	二级指标	要求开设课程	实际开设（支撑）课程	达标性评价
合标性评价	通识教育课			
	学科基础课			
	专业基础课			
	专业课			
支撑度评价	毕业要求 1			
	毕业要求 2			
	毕业要求 3			
	毕业要求 4			
平衡性评价	通识教育课与专业课			
	必修课与选修课			
	理论课与实践课			
	各学期学时分配			
逻辑性评价	通识教育课体现党的教育方针			
	学科基础课与专业课的关联度			
	专业基础课与专业课的逻辑关系			
学校特色呈现度	学校学科优势的发挥度			
	区域产业优势的体现度			
	专业人才培养定位的支撑度			
	学校传统优势的传承度			

3.7.2 课程内容支撑度评价

课程（教学环节）对毕业要求的支撑度通常采用定量法进行评价。不论技术内容还是非技术内容要求有有效的支撑；所有毕业素质要求的教学环节覆盖所有学生，可以持续开展，实现可评价。课程（教学环节）对毕业要求的支撑矩阵如表 3-10 所示。

表 3-10 课程（教学环节）对毕业要求的支撑矩阵

课程（教学环节）	毕业要求 1	毕业要求 2	毕业要求 3	……	毕业要求 9	支撑度

注：表中的“课程（教学环节）”指课程、实践环节、训练等，包括所有必修环节。

课程（教学环节）支撑度指课程（教学环节）覆盖毕业要求指标点的多寡，高强度（H）要求至少覆盖 80%以上的毕业要求，中强度（M）要求覆盖 50%～80%的毕业要求，低强度（L）要求覆盖 30%～50%的毕业要求。根据课程对各项毕业要求的支撑度确定为“H（高）、M（中）、L（弱）”支撑课程。

支撑度指课程（教学环节）对所有毕业要求的支撑程度。所有毕业要求都要有相应的课程（教学环节）支撑，惠及全体学生。

合理的支撑度指以高强度（H）的课程（教学环节）为专业核心课和重要实践环节。课程体系与毕业要求的支撑矩阵不合理，主要表现为部分毕业要求支撑课程密集，部分毕业要求缺乏有效支撑。

3.7.3 课程教学目标达成度评价

课程评价的目标是发现教学短板、改进课程质量，是从课程视角评价学生的学习效果，证明课程对毕业要求指标点的贡献度，评价学生培养的过程。专业认证标准要求建立完善的教师教学质量综合评价机制，每年开展教师自我评价、学生评价、同行评价、督导评价等多种活动，以评促改，实现课程教学质量的稳步提高。同时，专业认证标准还要求构建完善的课程教学质量评价路径与内容体系。课程教学目标达成度评价体系如图 3-3 所示。

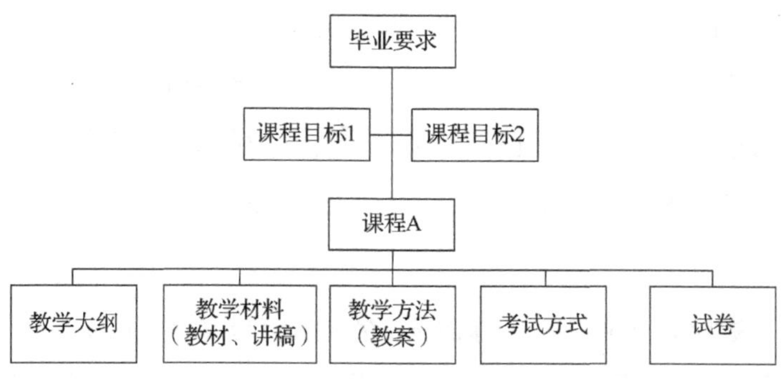

图 3-3 课程教学目标达成度评价体系

课程教学目标达成度评价必须有明确的质量标准、可靠的评价依据、科学的评价方法、完整的评价记录。质量标准重点是课程教学大纲与评价标准；评价依据重点是教案、讲稿、教学材料、考察与考核材料（实验报告、课程设计、试卷等）；评价方法要定量与定性相结合，形成制度，被教师、学生认可；评价记录要明确评价时间、评价内容、评价结果、改进意见、评价人。评价样本要有代表性，至少是一个班或一次教学班。

科学设计评价形式。自我评价、学生评价、同行评价、督导评价各自的认识视角与评价依据不同，要设计适合不同评价主体的评价指标与形式。学生评价以课程教学的实现效果为主，可通过评价试卷进行定量评价。自我评价、同行评价、督导评价以材料支撑与实现度评价为主，通过评阅支撑材料进行定性评价，重点评价：①教学内容与教学方式对人才培养的支撑度；②考试与考核方式、题型及涉及内容对实现目标的科学性；③评分标准的科学性与课程培养目标实现的合理性；④学生成绩对人才培养目标达成度的支撑力。

现以课程考试的达成度分析为例，讨论教学目标达成度的定量评价方法。

某课程教学目标的达成度可简单以该目标在试卷中分值的实现度

来进行定量评价。例如，某课程教学目标试卷中的试题有两道，分值分别为 5 分、8 分，合计 13 分；一个学生班的平均得分分别为 3 分、6 分，合计 9 分；该教学目标的达成度为（9÷13）×100＝69.23%。某课程每个教学目标达成度的平均值即该课程教学目标的达成度。

某课程教学目标达成度的定量评价方法（课程考试）如表 3-11 所示。

表 3-11　某课程教学目标达成度的定量评价方法（课程考试）

学生姓名	支撑毕业要求点	1.1	2.3	3.4	4.1	5.2	6.3	7.4	课程教学目标达成度
	题号								
	满分								
	平均得分								
	达成度								
	权重	0.2	0.2	0.1	0.1	0.1	0.1	0.2	
姓名 1	学号 1								
姓名 2	学号 2								
姓名 3	学号 3								
姓名 4	学号 4								
姓名 5	学号 5								
姓名 6	学号 6								
姓名 7	学号 7								

注：“支撑毕业要求点”来自课程教学大纲中的教学目标；“题号”指考题中的最小题号（考题号最好按照考题顺序连续编号）；“满分”指考题的满分值；“平均得分”指所有考生中该题的平均成绩；“达成度”为平均得分除以满分乘以 100%的值；“权重”为课程达成度中支撑毕业要求不同指标的权重。

如果对不同评价材料进行加权可以得到该课程达成度的定量值，同理，可以制定课程达成度的等级评价法。对该教学目标考试成绩在 60 分以上的学生进行评价，占比为 80%以上的学生评为 A；占比为 50%～80%的学生评为 B，占比为 50%以下的学生评为 C，然后综合各教学目标等级确定课程达成度等级。

各学校可根据自身教学实际，制定可行、有效的评价办法。

第 4 章　师资队伍建设

教师承担着传播知识、传播思想、传播真理的历史使命，肩负着塑造灵魂、塑造生命、塑造人格的时代重任，是教育发展的第一资源，人才培养的根本保障，是专业认证的重要观察点，是考察人才培养支撑度的重要指标。师资队伍建设一看数量、二看质量、三看结构。高校应建立一支规模适当、结构合理、相对稳定、发展良好，具有良好合作关系，符合专业目标定位要求，适应学科、专业长远发展需要和教学需要的师资队伍。要满足本专业核心课程高级职称教师主讲、必修课有助教、每学年 5 名学生 1 位教师指导毕业论文（设计）的基本要求；师资队伍年龄、学历（学位）、职称与学院结构要合理，使专业发展具有可持续性；有懂教育、爱教育、学术水平较高的专业带头人；有一定的行业、企业等优秀人才担任兼职教师，开展讲座，常态化参与创新创业课程指导；实验技术人员占师资队伍比例不低于 6%。

4.1　指 标 诠 释

《普通本科学校设置暂行规定》对教师的有关概念与计算方法做了统一规定，是专业认证标准有关指标计算的基本依据。

（1）专任教师指学校本专业在职教职员工中具有教师资格、专门从事教学工作的人员。

（2）外聘教师指聘请的国内外其他高校及科研机构、企业、行业的教师和退休教师（含本校退休教师），且聘期在一学期以上。

（3）兼职教师指非在职、来自企事业单位及行业部门、学校聘用的兼职教师。

（4）行业背景指教师近 5 年中有 2 年以上（可累计）在企业、机构一线从事与本专业相关的实际工作，能够全面指导学生实践、实训活动。

（5）生师比。生师比＝折合学生数/专业教师总数。其中，折合学生数＝专业普通本、专科学生数＋硕士研究生数×1.5＋博士研究生数×2＋留学生数×3＋进修生数＋成人脱产班学生数＋夜大学（业余）学生数×0.3＋函授生数×0.1；专业教师总数＝专任教师数＋外聘教师数×0.5。

外聘教师按 0.5 系数折算后计入教师总数，且人数不超过专任教师数的 25%。民办高校自有教师及外聘教师中聘期 2 年（含）以上并满足学校规定教学工作量的教师按 1∶1 计入专业教师总数，聘期 1 年至 2 年的外聘教师按 0.5 系数折算后计入本专业教师总数，聘期不足 1 年的不计入专业教师总数。

（6）高级职称教师占专任教师比例。具有高级职称教师占专任教师比例＝本专业具有副高级以上职称的专任教师数/本专业专任教师总数。

（7）具有硕博士学位教师占专任教师比例。具有硕博士学位教师占专任教师比例＝本专业具有硕博士学位的专任教师数/本专业专任教师总数。

4.2 标准要求

4.2.1 教学质量标准

（1）数量与结构。动物科学专业专任教师人数不少于 25 人（不含公共课教师），具有硕士及以上学历（学位）和讲师及以上职称的教师占专任教师的比例不低于 90%。35 岁以下实验技术人员应具有相关专业本科及以上学历。每学年每位教师指导学生毕业论文（设计）的人数不超过 5 人。实验教学中每位教师指导学生数不超过 15 人。每 1 万实验教学人时数至少配备 1 名实验技术人员。

（2）专业背景与水平要求。专任教师应具有 4 年以上本学科相关专业教育背景，掌握本专业的基本理论、基本知识和实践操作技能。教师队伍中应有一定数量具有海外留学经历或跨学科教育背景的教师。教师要具有社会主义核心价值观，遵守学术道德和职业道德规范，师德高尚，学风优良；忠实履行教书育人职责，主动承担教学任务，积极参与教学研究和教学改革；努力提升教学业务能力，掌握教育教学基本原理、基本方法，了解教育心理学的基本知识；不断更新教育理念，改进教学方法，按照教育教学规律开展教学；熟练掌握课程教学内容，能够根据人才培养目标、课程教学的内容与特点、学生的特点和学习情况，结合现代教学理念和教育技术，合理设计教学活动，做到因材施教、注重教学效果；关心学生成长，加强与学生的沟通交流，对学生的学涯、生涯规划提供必要的指导；具有科研能力，积极参与科学研究，不断提高学术水平，掌握学科发展的最新动态，并将科研成果转化为教学内容；指导学生课外学术和实践活动，培养学生的创新意识和实践能力。

4.2.2　专业认证标准

专业认证标准（二、三级）要求如表 4-1 所示。

表 4-1　专业认证标准（二、三级）要求

项目	二级	三级
师德师风	健全师德建设长效机制和考核制度，把师德师风作为教师素质评价的第一标准，引导教师教书育人和自我修养相结合，强化教师的立德树人意识，在课程中有机融入思想政治教育元素，担当学生健康成长的指导者和引路人	健全师德建设长效机制和考核制度，把师德师风作为教师素质评价的第一标准，引导教师教书育人和自我修养相结合，强化教师的立德树人意识，在课程中有机融入思想政治教育元素，担当学生健康成长的指导者和引路人

续表

项目	二级	三级
数量结构	—	专业教师数量充足、结构合理，满足本专业教学和发展的需要。聘请高水平企事业优秀人才担任兼职教师，常态化参与教学活动
教学能力	教师熟悉教育教学规律，熟悉产业发展动态，能熟练运用现代教学手段授课，认真指导学生的实践教学和毕业论文（设计）	教师熟悉教育教学规律，积极开展教学改革与研究。熟悉相关学科前沿与产业发展动态，系统掌握课程教学内容，熟练运用现代教学手段授课，激发学生学习兴趣和专业志趣。具备指导学生实践和毕业论文（设计）的能力，满足学生发展需求
教师发展	制定并实施教师队伍建设规划和教师培养培训制度。专业基层教学组织体系健全、运行有效，能够定期组织教师开展教学研究，保证教师教学水平不断提升	具有专门的教师教学发展机构和完善的教师教学培养培训制度。有新入职教师担任助教和教学培训上岗制度。组织教师开展教学理念、教学技能与方法培训，开展教学研究，保证教师教学水平不断提升。具有完善的教师激励机制，成效显著
专业补充	专业应拥有 2～3 名学术造诣较高的学科带头人，承担专业主要课程的任课教师不少于 12 人。承担专业主要课程的任课教师具有研究生学历的比例应在90%以上，其中具有博士学位的教师比例不低于 50%，具有高级职称教师的比例达到 50%以上。从事本专业专业课和专业实践环节教学工作的教师，要有一定的生产实践经验或行业背景	专业应拥有 4～6 名学术造诣较高的学科带头人，承担专任教师不少于 18 人。从事专业基础课和专业课教学工作的教师中，具有高级职称的教师比例不低于 65%，具有博士学位的教师比例不低于 85%。有企业/行业专家、国际专家作为兼职教师并承担一定的教学任务。有能满足实验教学要求的实验技术人员队伍，实验技术人员占师资队伍比例不低于 6%。从事本专业专业课和专业实践环节教学工作的教师，要有一定的生产实践经验或行业背景。从事专业课教学工作的主讲教师要有明确的科研方向，应有本专业领域的科研经历

4.3 教师队伍建设

专业认证标准对师资队伍持续发展环节要求制定并实施教师队伍建设规划。规划编制要全面落实《中共中央 国务院关于全面深化新时代教师队伍建设改革的意见》《关于深化教育体制机制改革的意见》精神，确保与两个文件精神相一致。

（1）要系统谋划数量与质量。在数量上，要有计划做好教师队伍的新老更替；在质量上，要注重教师素质拓展与教学、科研、社会服务能力的培养，特别是思想素质、科学素养与职业能力的培育。要建立或完善基层教学组织，注重教师发展制度和环境的构建，建立健全教学研讨、导师制和集体备课等规章制度。要明确教师在教学质量提升过程中的责任，不断改进工作，满足专业教育不断发展的要求。

（2）要严把教师选聘入口关。落实教师配备标准，严格教师资格准入。要按照有“理想信念、道德情操、扎实学识、仁爱之心”的教师标准，做学生锤炼品格、学习知识、创新思维、奉献祖国的引路人，按照教书和育人相统一、言传和身教相统一、潜心问道和关注社会相统一、学术自由和学术规范相统一的要求，系统谋划教师队伍建设。实行思想政治素质和业务能力双重考察。要加强教学基本素养的考察，注重口才、思维、普通话、书法、板书等的评价。适应人才培养结构调整需要，优化教师结构，加大聘用具有其他学校学习工作和行业企业工作经历教师的力度。健全“双师型”教师管理制度。

（3）要注重教师特别是青年教师的培养。搭建教师发展平台，组织研修活动，开展教学研究与指导，推进教学改革与创新。加强院系教研室等学习共同体建设，建立完善传、帮、带机制。全面开展高校教师教学能力提升培训，重点面向新入职教师和青年教师，为高校培养人才培育生力军。实施教师岗前培训和资格认定制度，将新入职教师岗前培训和教育实习作为认定教育教学能力、取得高校教师资格的必备条件。为教师进修、从事学术交流活动提供支持。制订和实施青年教师培养计划或培训项目，建立青年教师职业发展机制，使青年教师能够尽快掌握教学技能，传承学校优良教学传统。鼓励和支持教师开展教学研究与改革、科学研究、社会服务及指导学生开展课外科技创新、社会实践和社会服务等活动。

（4）深化教师考核评价和职称制度改革，形成完善的教师激励机制。深入推进教师考核评价制度改革，突出教育教学业绩和师德考核，将教授和副教授为本科生上课作为基本制度。进一步完善职称评价标准，建立符合教师岗位特点的考核评价指标体系，坚持德才兼备、全面考核，突出教育教学实绩，引导教师潜心教书育人。推行教师职务聘任制改革，加强聘后管理和聘期考核，准聘与长聘相结合，做到能上能下、能进能出。要完善教师绩效工资制度，改进绩效考核办法，使绩效工资充分体现教师的工作量和实际业绩。完善适应学校教学岗位特点的内部激励机制，对专职从事教学的人员，适当提高基础性绩效工资在绩效工资中的比重，加大对教学型名师的岗位激励力度。建立完善教师退出机制，提升教师队伍整体活力。完善相关政策，防止形式主义的考核检查干扰正常教学。

（5）要健全师德建设长效机制。把教师职业理想、职业道德教育融入培养、培训和管理全过程，构建师德建设制度体系。在准入招聘和考核评价中强化师德考查。实施师德师风建设工程，建立教师荣誉制度，加快形成继承我国优秀传统、符合时代精神的尊师重教文化，创造良好的教书育人环境。

（6）要加强课程负责人、课程骨干老师、助教与兼职教师队伍的建设，形成内外结合、老中青兼顾的课程（群）师资队伍，保障人才培养的可持续发展。

4.4　教学素养建设

说课、讲课、听课、评课既是基本的教学研究活动，又是教师职业技能训练的主要内容。新任教师要加强基本素养的培养，达到会说课、能讲课、善听课、明确评课的内涵。

4.4.1　说课

说课要求说课标、说教材、说学生、说教法、说训练、说程序（以下称为“六说”）。课标是课程大纲确定的教学目标，是教学的依据。教材特点和学生情况既是教学的出发点，又是教学的归结点。教法是根据教材特点和学生情况而选择，是达到教学目标的手段。训练指学生能力的培养，包括课内和课外，是培养学生能力的途径。程序是优化教学过程和课堂结构的教学方案（教案）。六说构成说课的整体内容，覆盖课堂教学的全过程，具体内容如下。

（1）说课标至少要讲明两点：①所讲课程在人才培养中的地位和作用。②本课程的教学目标，即知识与技能、过程和方法、价值观培育。

（2）说教材主要说对教材内容的理解、分析和处理，包括理论上的理解、知识点的解析。教学重点、难点的确定和解决。依据人才培养方案确定的课程目标所规定的教学原则和要求，整体把握教材知识体系和知识要求，通过分析各章、节的内容特点，确定教学内容的取舍与补充。通过分析新旧知识联系，确定其在整体或单元教学中的作用。

（3）说学生主要包括分析学情，学生原有基础，学习本课程的有利因素和问题等，是为了加强教与学的针对性。学生情况是教学的重要依据，难点的确定、教法的选择、课堂训练的设计，都应根据学情而定。大多数教师习惯于精英教学，喜欢从高点设计，而忽视学生的实际接受能力，导致考试后发现教学目标没有达成。

（4）说教法。教法的选择最大限度上取决于学情分析，主要说明教学方法及教学手段的选择和运用。要根据教学内容特点、学生实际、教师特长及教学设备等，说明选择某种方法和手段的依据。有些教法虽然在理论上科学、合理，但实际效果并不好，如教师使用 PPT 讲课，可以丰富教学内容，但一些课程的学生学习效果却不尽如人意。

（5）说训练。训练是培养学生能力的主要途径，是教学的重要环节，主要说明训练目的、训练方式、训练题目设计。课堂教学中的训练要根据学习目标设计，为目标而服务。训练一般分为形成性、巩固性、分层性 3 种类型，分别解决检查学生对概念、定义、基础知识的理解程度；帮助学生掌握知识；根据学生掌握情况，使上、中、下 3 类学生通过此练习都有所得。

（6）说程序。说程序是说整堂课的教学流程，即各个教学环节的实施过程。优化课堂内容结构设计有两种方法。一是将材料按六说分为 6 块，分别说。这样材料容易组织，条理清晰，但艺术性不强，给人以支离破碎的印象。二是综合组织，将六说分布在各教学环节中，专注主线。这种设计艺术性强，浑然一体，但组织材料费力。每位教师要根据自己的实际情况选择适合自己的说课方法。

4.4.2　讲课

一堂课从头“热”到尾是不正常的，从头到尾如一潭死水也不正常。教师应是课堂的“控制师”，如何当好控制师是每位教师的教学基本功。教师讲课要注意以下几个方面。

（1）给足学生思考问题的时间。教师应杜绝学生信口开河的发言习惯。学生对知识的掌握取决于对知识的理解领悟程度。每个学生的理解力不一样，一定要因人而异，因材施教。作为课堂的控制师，教师提出问题应从简单逐步走向复杂，循序渐进。应培养学生读书、思考、做练习认真细致的习惯，提高学生学思践悟的能力。

（2）要使一堂课高效完美，教师要摆正心态，不违背规律，不拔苗助长，要认真钻研教材，改“生成的动态为导向”为“产出为导向”，提高预设的可变性。教师切勿生搬硬套，应设计多套教学方案，根据课堂变化情况随时改变教法。有针对性地设计问题，提有价值的问题，提学生感兴趣或能激发学生学习兴趣的问题。要根据学生的接受情况随时调整教学内容、教学环节、教学流程，不照本宣科、自我陶醉。每一堂课教师都要树立为学生的学习服务、为学生的需要服务的教学理念。

4.4.3　听课

教师听课应做到课前有准备，课中认真观察和记录，课后深入思考和整理。各高校不仅要关注教师的“教”，还要关注学生的“学”，把学生的发展作为课堂评价的重点。

教师听课要有“备”而听，并参与教学活动，和授课教师一起参与课堂教学活动的组织，并尽可能以学生身份（模拟学生思路、知识水平和认知方式）参与学习活动，以获取第一手材料，从而为客观、公正、全面评价一堂课奠定基础。

（1）关注教师的“教”包括如下方面。①课堂教学目标的确定和呈现方式。②新课如何导入，包括导入时引导学生参与哪些活动。③教学情境创设结合了哪些生活实际。④采用了哪些教学方法和教学手段。⑤设计了哪些教学活动步骤。⑥使哪些知识系统化，补充了哪些知识。⑦培养学生哪方面的技能，达到了什么目标。⑧渗透哪些教学思想。⑨课堂教学氛围如何。

（2）关注学生的“学”包括如下方面。①学生是否在教师的引导下积极参与学习活动。②学习活动中学生经常做出怎样的情绪反应。③学生是否乐于参与思考、讨论、争辩、动手操作。④学生是否经常积极主动地提出问题。学生在学习活动中，如果思维得到激发、学业水平得到充分（或较大程度）的发展与提高、学习兴趣得到充分（或较大程度）的激发，并产生持续的学习欲望，这就是一堂很好的课。

4.4.4　评课

评课重点关注教学目标、教材的组织和处理、教学思想、课堂结构、教学方法和手段、教学基本功与教学效果，具体如下。

（1）教学目标是教学的出发点和归宿。教学目标的正确制定和达成是衡量一节课的主要尺度。具体而言，看教学目标制定是否全面、具体、适宜；看教学目标是否明确地体现在每一教学环节；看教学手段是否紧密地围绕教学目标、为实现教学目标服务。

（2）教师对教材的组织和处理，既要看教师教授知识的准确性、科学性，又要注意分析教师在教材处理和教法选择上是否突出了重点、难点，抓住了关键。

（3）教学思路是教师授课的脉络和主线，根据教学内容和学生水平的实际情况设计，反映一系列教学措施的编排组合、衔接过渡、详略安排。评课者评教学思路不但要看教学思路设计是否符合教学内容实际、学生实际，而且要看教学思路设计是否有一定的独创性，给学生新鲜的感受；教学思路的层次、脉络是否清晰，教学思路运用效果是否好。

（4）教学思路与课堂结构既有区别又有联系。教学思路侧重教材处理，反映教师课堂教学纵向教学脉络，而课堂结构侧重教学技法，反映教学横向的层次和环节，即一节课的教学过程各部分的确立，以及它们之间的联系、顺序和时间分配。课堂结构也称教学环节或步骤，计算授课者的教学时间设计，能较好地了解授课者授课重点、结构。授课时间设计包括如下方面。①计算教学环节的时间分配，看教学环节时间分配和衔接是否恰当，有无前松后紧或前紧后松现象；看讲与练时间搭配是否合理等。②计算教师活动与学生主体活动的时间分配，看是否与教学目标要求一致，有无教师占用时间过多、学生活动时间过少现象。③计算学生个人活动时间与学生集体活动时间分配。看学生个人活动、小组活动和全班活动时间分配是否合理，有无集体活动过多情况，有无学生个人自学、独立思考、独立完成作业时间太少现象。④计算学力不同学生的活动时间。看学力不同的学生活动时间分配是否合理，是否有优等生占用时间过多、后进生占用时间过少的现象。⑤计算非教学时间。看教师在课堂上有无脱离教学内容、浪费课堂教学时间的现象。

（5）教学方法和手段指教师在教学过程中为完成教学目标、任务而采取的活动方式的总称，包括教师“教”的方式，学生在教师指导下“学”的方式，是“教”的方式与“学”的方式的统一。评析教学方法与手段包括如下方面。①看是否量体裁衣，优选活用。教学有法，但无定法，贵在得法。②看教学方法的多样化。教学方法忌单调死板。教学活动的复杂性决定了教学方法的多样性。③看教学方法的改革与创新。教学方法的改革与创新包括课堂上思维训练的设计、创新能力的培养、主题活动的发挥、新课堂教学模式的构建、教学艺术风格的形成等。④看现代化教学手段的运用。现代化教学呼唤现代教学手段。教师要适时、适度运用投影仪、电视、电影、计算机、电子白板等现代化教学手段。

（6）教学基本功是教师上好一堂课的基本功，包括板书、教态、语言、操作等。具体而言，看板书设计是否科学合理、言简意赅、条理清晰、富有艺术性（字迹工整美观，板画娴熟等）；看教师教态是否仪表端庄，举止庄重，态度热情，富有感染力，热爱学生，师生情感交融；看教师课堂语言是否准确清楚、精当简练、生动形象、富有启发性，语调是否高低适宜、快慢适度、抑扬顿挫、富于变化；看教师运用教具，操作投影、电子白板等的熟练程度。

（7）评析一节课，既要分析教学过程和教学方法，又要分析教学效果。课堂教学效果是评价课堂教学的重要依据。课堂效果评价包括教学效率、学生思维调动、学生受益情况等的评价。课堂效果评价可以借助测试手段，在上完课后，评课者出题对学生的知识掌握情况当场测试，而后通过统计分析对课堂效果做出评价。

第5章　教学条件建设

教学条件评价的目的是考察条件资源对人才培养的支撑度。要求教学条件体系健全，数量充足，质量有保证，有良好的管理、维护、更新与共享机制，满足人才培养的教学使用，方便教师与学生使用。教学条件包括实验室与仪器设备、图书资料、现代化教学信息技术平台、校内外专业实习实训和创新创业基地（包括科研平台、学科平台）等。要有明确的基地建设与使用管理协同机制，并具有长期稳定性。

5.1　标准要求

5.1.1　教学质量标准

教学质量标准要求教学设施（实验室、仪器、基地）充足，信息资源（教材、图书、期刊等）丰富。

（1）基本办学条件指标。动物科学专业的基本办学条件参照教育部《普通高等学校基本办学条件指标（试行）》规定的工科、农林院校类的合格标准执行。《普通高等学校基本办学条件指标（试行）》要求：生均教学行政用房面积为16平方米，生均教学科研仪器设备值为5000元，生均图书为80册，生均占地面积为59平方米，生均宿舍面积为6.5平方米，百名学生配套教学用计算机台数为8台，百名学生配多媒体教室和语音实验室座位数为7个，新增教学科研仪器设备所占比例为10%，生均年进书量为3册。教学专用实验室必须符合《普通高等学校基本办学条件指标（试行）》要求；单独设置专业核心课程、主要专业实验与动物病原的教学实验室和教学准备室。办学条件指标测算办法如下。

① 生均教学行政用房面积＝（教学及辅助用房面积＋行政办公用房面积）/全日制在校生数。

② 生均教学科研仪器设备值＝教学科研仪器设备资产总值/折合在校生数。

③ 生均图书＝图书总数/折合在校生数。

④ 生均占地面积＝占地面积/全日制在校生数。

⑤ 生均宿舍面积＝学生宿舍面积/全日制在校生数。

⑥ 百名学生配套教学用计算机台数＝（教学用计算机台数/全日制在校生数）×100。

⑦ 百名学生配多媒体教室和语音实验室座位数＝（多媒体教室和语音实验室座位数/全日制在校生数）×100。

⑧ 新增教学科研仪器设备所占比例＝当年新增教学科研仪器设备值/（教学科研仪器设备资产总值－当年新增教学科研仪器设备值）。

⑨ 生均年进书量＝当年新增图书量/折合在校生数。

（2）实验室要求。①设施良好。实验室照明、通风、取暖、防暑降温等设施良好，水、电、气管道及网络走线等布局安全、合理，符合国家规范。实验台应耐化学腐蚀，并具有防水和阻燃性能。实验室消防安全符合国家标准，并具有应急处理预案。实验室具有符合环保要求的“三废”（废气、废液、固体废物）收集和处理措施。②管理规范。化学或分子生物学试剂和药品的购置、存放和管理符合国家有关规定。病原微生物实验室应符合国务院颁布的《病原微生物实验室生物安全管理条例》，并具有应急处理预案。实验动物的购置和使用符合国务院颁布的《实验动物管理条例》。生物废弃物或动物尸体处理要符合国家相关规定，进行无害化处理。③共享完善。实验室应统筹规划，建立资源共享、管理规范的运行机制。实验室条件良好、设施完备，开放范围及覆盖面广。实验室教学科研仪器设备固定资产总额应达到 1500 万元以上，生均教学仪器设备不低于 5000 元，满足教学过程需要。

（3）实践基地。各高校设置校属畜牧场、实践教学基地和实验动物房，满足各实践教学环节需要。动物科学专业须建有长期稳定的校外实习和创新创业生产基地，满足实践教学的需求和专业学生提升专业技能及创新创业的需要。

（4）信息资源。①基本信息资源。通过教学手册或者网站等形式，提供动物科学专业培养方案，各课程的教学大纲、教学要求、考核要求、毕业审核要求等基本教学信息。②教材及参考书。选用符合专业规范的国内外正式出版教材，其中国家和省部级规划教材的比例应在 40%以上。鼓励专业教师结合专业发展与学科前沿主编、参编或自编教材。鼓励各培养单位有计划、有选择地使用高质量英文教材。教师根据教学需要，为学生提供参考书及参考文献目录，指导学生课外阅读专著、论文等专业文献资料。③图书信息资源。根据专业建设、课程建设和学科发展的需要，加强图书资料（图书、专业期刊、资料、数字化资源和检索工具等）建设，注重制度建设和规范管理，保证图书资料采购经费的投入，使之更好地为教学科研工作服务。提供数量充足、种类齐全的动物科学专业纸质和电子图书资源，配备满足教学需要的中文和外文电子资源数据库。信息资源应能满足不同层次和阶段学生的学习需求，满足理论教学和实践教学的需要。

5.1.2　专业认证标准

专业认证标准要求教学设施（实验室、仪器、基地）充足、信息资源（教材、图书、期刊等）丰富、现代信息技术有效支撑教学工作，有良好的管理、维护、更新和共享机制，满足教学需求并方便教师与学生使用；要求所有科研实验室向本科生开放。现代信息技术和手段能够满足课堂教学与学生课外学习需求，满足学生多渠道获取知识的需要。建设有稳定充足的校内外实践实训基地，能够为学生的实践活动和创新创业提供长期有效的支持和保障。

专业认证标准（二、三级）主要观察点对照如表 5-1 所示。

表 5-1　专业认证标准（二、三级）主要观察点对照

观察点	二级	三级
基本要求	教学设施数量充足，现代信息技术有效支持教学工作的开展，有良好的管理、维护机制，满足教学需求并保证学生和教师方便使用	教学设施完备，拥有先进的网络设施与现代教育技术平台。各类教学资源丰富，有专业化的图书、文献资料、软件、数据库。配备条件良好、设施完备的专用教学实验室及个性化教室与学习空间。具有良好的管理、维护、更新和共享机制，满足教学需求并保证学生和教师方便使用
实验室	学校为学生提供基础实验室和专业实验室等。基础实验室和专业实验室应具备良好的实验条件，仪器设备较为完整，安全措施规范，可以有效保证教学实验的顺利开展，满足基本教学需要。应具备较为先进的大型分析检测公用平台，常用的仪器与实验器材至少 2 人一套。设计性实验、创新性实验原则上要求学生 2～4 人有一套设备与器材。可用于专业培养的仪器设备等固定资产总额应达到 1000 万元以上，并逐年增长。现有仪器设备完好率不低于 95%	应保持实验设备的先进性，实验设备 5 年平均更新率不低于 30%。实验开出率达到 100%。专业基础实验每组学生数不超过 2 人，综合性大实验每组学生数不超过 6 人
基地	专业须建有长期稳定的校内外实习基地，平均每个学生班不少于 667 平方米的养殖面积；海洋渔业科学与技术专业须有专门的实习海域。应定期在企业开展实践教学活动	建有长期稳定的与专业规模相适应的校内外实习实践基地。校内实践教学基地必须配备农、林、牧、渔等场（站），具备专门的实验设施和条件，满足学生日常观察、实验及实习的需要。与行业部门、企业共同建设实践教育基地，为学生实践和创新创业活动提供支持与保障。校外实践基地应有长期稳定的合作协议，为学生实践和创新创业活动提供支持与保障，确保实习实践教学有序进行。平均每个学生班不少于 667 平方米的养殖面积或水面；应定期在企业开展实践教学活动。海洋渔业科学与技术专业实习基地面积不做要求，但要求海上实习实践总时间不少于 3 周

续表

观察点	二级	三级
教材	应选用符合专业规范的教材，基础课程和专业课程的教材应选用国内外正式出版的教材，其中国家和省部级规划教材比例应在30%以上。鼓励教师主编、参编或自编反映专业最新进展和学科前沿水平的高质量教材	应选用符合专业规范的教材，基础课程和专业课程的教材应选用国内外正式出版的教材，其中国家和省部级规划教材比例应在40%以上。鼓励教师主编、参编或自编反映专业最新进展和学科前沿水平的高质量教材
图书	学校图书馆或学院资料室应具有数量充足的专业图书、专业期刊、电子资源等各类资料，应有一定比例的外文图书及期刊，应拥有能够满足专业教学和科研的中文数据库和外文数据库。能够满足专业教学要求	学校图书馆或所属院（系、部）的资料室中应具有充足的图书、期刊、电子资源等各类资料，能够满足专业教学要求

三级认证强调科研支持教学，要求科研实验室面向本科生开放。有专门针对本科生的科研训练项目。有制度和措施对学生参与教师的科研活动及教师将科研成果融入教学活动提供保障。

5.2 条件建设

实践教学是人才培养的重要环节，是深化课堂教学的重要手段，是学生获取与掌握知识、培养能力的重要途径。实践育人基地是开展实践育人工作的重要载体。鉴于动物科学专业的特殊性，各高校要注重共建共享、强化协同育人，加强实践育人基地、实验室、实习实训基地、实践教学共享平台建设，依托现有资源，重点建设一批国家级实验教学示范中心、国家大学生校外实践教育基地和实训基地。各高校要努力建设教学与科研紧密结合、学校与社会密切合作的实践教学基地。基地建设可采取校所合作、校企联合、学校引进等方式。要依托高新技术产业开发区、大学科技园或其他园区、农业科技创新园、农业产业园，设立学生科技创业实习基地。要积极利用爱国主义教育基地和国防教育基地、城市社区、农村乡镇、工矿企业、驻军部队、社会服务等机构，建立多种形式的社会实践活动基地，力争每个学校、每个院系、每个专业都有相对固定的基地。

要适应“互联网＋”对高等教育的深刻影响，加快信息化时代教育变革。建设智能化校园，统筹建设一体化智能教学、管理与服务平台。利用现代技术助力人才培养模式改革，实现规模化教育与个性化培养的有机结合。创新教育服务业态，建立数字教育资源共建共享机制。

5.2.1　实验室

实验室建设涉及实验室面积与仪器设备两方面，硬件与软件两层级，基础实验室和专业实验室两类型。评价实验室条件是否达标重点看仪器设备总额、5 年内更新率、常规仪器设备与综合性大型实验仪器设备的套件数，以及公用平台的建设情况，确保实验开出率达 100%，确保实验设备与时俱进。

专业认证标准要求用于专业培养的仪器设备固定资产总额达 1000 万元以上，实验设备 5 年平均更新率不低于 30%；仪器设备完好率不低于 95%；满足专业基础实验每组学生数不超过 2 人，综合性大实验每组学生数不超过 6 人，常用仪器与实验器材至少 2 人一套；设计性实验、创新性实验设备与器材 2～4 人一套。

要建设较为先进的大型分析检测公用平台。根据课程需要，建设虚拟仿真实验室、创业实验室，满足专业核心课程、专用仪器设备与动物疾病等专门实验室的要求。科研实验平台要满足向学生开放的要求。

5.2.2　教学基地

教学基地有 4 个观察点。①长期稳定。②与办学规模相适应。③配备专门的实验设施和条件，满足学生日常观察、实验及实习需要。④校内外协同。

动物科学专业必须配备畜牧场（站）的校内实践教学基地；校外实践基地有长期稳定的合作协议，并定期开展实习实训。校内外实习基地平均每个学生班不少于 667 平方米的养殖面积。

鉴于动物科学专业的特殊性，猪、鸡、牛、羊等各畜种间有生物安全需要，加之管理要求高，运行经费大，许多高校通过校外基地进行补充。校外基地建设要满足长期合作、设施设备配套良好的条件，基地选择十分重要。要制定校外基地认定、管理办法，最好选择有一定经济实力的大集团、大企业，并有一定研发基础的养殖场；或者通过科教融合，利用科研院所的养殖场，联合开展人才培养，否则就需要学校有一定的经费支持。

5.2.3　教材

教材可通过规划教材使用占比、教师编写教材比例等进行评价，具体如下。

（1）要求选用符合专业规范的教材。基础课和专业课教材选用国内外正式出版教材，其中国家和省部级规划教材比例在 40%以上。要有制度鼓励教师主编、参编或自编反映专业最新进展和学科前沿水平的高质量教材。

（2）国内正式出版的教材有国家级规划教材、省部级规划教材、出版社规划教材与高校自编教材 4 类。

（3）各高校要启动教材本校化建设工程，加强特色、传统优势课程教材建设。

5.2.4　图书资料

图书资料是新教学模式下人才培养的重要平台。学校图书馆或学院资料室要购置数量充足的专业与非专业图书、期刊、电子资源等各类资料，并有一定比例的外文图书及期刊，满足专业教学和科研的中文数据库和外文数据库需要。

尽管该项目没有定性的指标要求，但是否满足教学需要，可以通过某门课程推荐的教学参考书、期刊资料与学校（学院）拥有的图书资料比对得出。

5.2.5　教学平台

教学平台是构建以“学生为中心”学习环境的必备条件，是实现过程考核的基础，也是实现资源共享、满足终身学习的需要。学校要根据《国家级精品资源共享课建设技术要求》（2012 年版）建设自己的专属学习平台，把“中国大学 MOOC”学习平台与其他学校的共享平台作为补充。中宣部主办的“学习强国”学习平台值得各高校在学习平台建设中借鉴。各高校可以联合建设学习平台，实现资源优势共享。

第 6 章 质量保障体系建设

组织与制度是人才培养工作顺利实施的组织保障与制度保障，是构建人才培养体制机制的重要抓手，是质量保障的主要内容。制度建设具有长期性、根本性的特点。不同学校的内部管理体制不同，各自的教学问题不同，需要的制度有区别。因此，保障专业人才培养的组织结构和运行机制（制度建设）无法实现统一，各学校根据各自专业建设的不同要求，可以制定不同的制度体系。凡是国家明确有构建机制要求的，各高校不仅要有组织机构、运行制度，还要有长期执行的材料支撑。各主要教学环节要有目标清晰、科学合理的质量要求，质量保障机构健全、任务明确，责任到人，有效支持毕业要求达成。

6.1 组织与职能

动物科学专业要根据领导、计划、组织、监督、评价等管理环节，构建网络化的教学管理组织体系，确保教学组织有序、质量保障有力。动物科学专业要完善领导机构、议事协调机构与办事机构，设立专门的教学指导委员会、教学督导组或教学督导委员会、教学评价领导组，明确专业负责人及其职责。动物科学专业要构建不同组织间的领导与运行关系，全面落实国家有关要求，如《教育部等部门关于进一步加强高校实践育人工作的若干意见》明确要求成立由主要领导牵头的实践育人工作领导小组议事协调机构；《高等学校教材工作规程（试行）》要求各高校建立教材委员会（或教材工作委员会），其作为学校教材工作经常性的研究、咨询和业务指导机构，并由分管校（院）长任主任；《教育部关于加快建设高水平本科教育全面提高人才培养能力的意见》（教高

〔2018〕2 号）要求各高校建设高校教师教学发展中心。

6.1.1　基层教学组织

专业认证标准二、三级一致要求专业基层教学组织体系健全、运行有效，具有教学研讨、集体备课和督导等制度，定期开展专业建设、课程建设、教材建设、教学技能提高、教学方法改进等相关教研活动，并取得显著成效。

各高校要完善教学管理体制，关键是强化基层教学组织功能。基层教学组织是高校立德树人、落实教学任务、促进教学发展、开展教研活动、推进教学改革的基本教学单位，是联系教师与学生、落实教学工作的“最后一公里”。

（1）设置原则。基层教学组织以有利于教学活动的组织与管理为原则，要涵盖所有课程，每一位任课教师都应参加一个或多个教学组织。基层教学组织应采取多种形式，鼓励跨学科、跨院系交叉设立教学研究室或教学团队。当前，基层教学组织通常以二级学科为单位建设，也可以课程群为单位设置扁平化管理体制。

（2）明确基层教学组织的六大职责任务。①组织安排教学。根据人才培养方案要求，组织落实教学任务，开展教学评价和教学质量分析。落实教授和副教授为本科生授课基本制度。规范课堂教学秩序，严肃课堂教学纪律，提高课堂教学水平。加强备课、授课、实验实习、课程设计、考试考查、毕业论文（设计）、新进教师试讲、新课程试讲及成绩评定等各教学环节的指导、检查和督促。②组织开展专业建设。加强相关学科、相关产业和领域的发展趋势与人才需求研究，落实专业建设规划，参与制（修）订人才培养方案，在专业评价、专业认证、专业建设与改革中发挥重要作用。③组织课程与教材建设。建立符合专业发展的课程体系，组织制定并规范课程建设规划、教学大纲和课程标准。及时更新课程内容，将最新的学科前沿、产业发展、科研成果融入课堂教学。

加强现代信息技术和教育教学的深度融合，推进在线开放课程、MOOC的开发与应用。选用或组织编写高质量教材和指导用书，进行教材、教辅资料、课件、题库、资源库、开放课程等多种形式的教学资源建设。④组织安排实践教学。科学制订实践教学方案，规范设置实践教学环节，加强实践平台建设。安排对实验教学、生产实习、综合训练、毕业实习、毕业论文（设计）等环节的指导。推进教学实验室、实验教学示范中心、虚拟仿真实验教学中心等实验教学场所的建设与管理。深化创新创业教育改革，指导大学生开展学科专业竞赛和创新创业实践。建立稳定的校内外实践教学基地，完善产教融合、校企合作的协同育人机制。⑤组织开展教学研究与改革。组织教师开展人才培养模式、教学内容和课程体系、实践教学、教学方法与手段、教学质量评价等方面的教学改革研究与实践，加强教学成果的应用和推广。申报各级各类教学研究项目、教学质量工程项目和教学成果奖。定期开展教学研讨与交流活动，组织相互听课、教学观摩、教学竞赛，开展同行评议和学生评教。支持教师参加国内外教学研讨会议，及时了解教学改革领域的最新动态。⑥指导教师教学发展。加强师德师风建设，增强教师教书育人的责任感和使命感。加强教学团队建设，制订教师培养计划，严把新教师开课关，对青年教师实施教学指导，推进教学工作的传帮带。有计划推荐教师赴国内外高校、相关单位进修培训、访学考察。

（3）完善管理制度。完善基层教学组织的议事决策制度、教学管理制度、教研活动制度、听课评议制度、青年教师导师制度、教学督导制度、质量考核制度等相关管理制度。

（4）工作条件和组织保障。各高校要把基层教学组织建设摆在学校人才培养工作的重要位置，列入重要议事日程，设立专项经费，保障教研活动用房及相关办公设施，为基层教学组织提供良好的工作条件与环境。院（系）是基层教学组织建设的主体，要选配责任心强、教学管理经验丰富、具有高级职称的教师担任基层教学组织负责人，赋予基层教学组织在队伍组建、经费使用、教学考核等方面更大的自主权，保障基层教学组织教研活动时间，明确管理部门，安排专门人员，加强管理、规范运行，促进基层教学组织健康发展。

（5）强化考核激励。各高校要将基层教学组织建设作为教学评估、专业评价的重要观测点，纳入教学质量报告，作为院（系）年度考核的重要内容；要加强基层教学组织日常管理，定期监督检查，做好年度考核；要及时总结、推广好经验和做法，发挥示范引领作用；要给予考核优秀的基层教学组织相应奖励，在经费投入、教学改革立项、教学成果评奖等方面优先支持，要把基层教学组织建设纳入本科教学质量提升工程项目。

6.1.2　教师教学发展中心

专业三级认证标准要求设置专门的教师教学发展机构，有新入职教师担任助教和教学培训上岗制度，定期组织教师进行国内外访学、行业锻炼、教学技能与方法培训，开展教学研究，保证教师教学水平不断提升。

（1）主要职能。教师教学发展中心旨在以“服务教学工作、促进教师发展”为任务，建立健全促进教学改革、提升教师教学水平的长效机制。教师教学发展中心负责组织开展教师教学培训，提升教师教学水平；推动教育教学改革，推广教学创新成果，促进教师教学能力的提高，为学校教学工作的开展提供服务。具体职能如下。①开展有针对性的教师教学培训。以教师教学能力提升为目标，根据不同教师群体特点组织开展教师培训，突出教学设计、教学方法的研究和实践，探索适应学生身心特点和课程要求的有效教学模式，重点提升核心课程教师、中青年教师的教学能力。②促进教育教学研究。开展有关课程设计、教学方法、教学案例、教学改革等热点和难点问题研究。鼓励教师对教学中的各种问题展开讨论，激发教师创新潜能，为学校教学和教学管理提供科学依据和咨询建议。③提供多样化教师教学咨询指导服务。创建适合学校特点、专业特性、教师个人特质的多样化教学咨询指导机制，提升教师改变当前教学行为的问题意识，鼓励提供个性化的帮扶措施，提供教师职业生涯规划、教学设计、教学方法、教育技术等的指导和帮助，提高教师教学水平。④推广教学改革创新成果。通过组织教师开展教学公开课和示范课等方式，传播推广先进教学理念、教学模式、教学手段；通过深入开展教师教学经验交流活动等方式，拓宽教师相互学习、交流合作途径；通过推动教学资源与技术共享平台建设等方式，为教学改革、教师教学能力提升提供支撑。

（2）工作机制。教师教学发展中心成立领导小组，确定每年的工作方针；成立工作委员会，根据领导小组确定的工作方针，设计和制订年度工作计划与实施方案，并由各委员牵头组织项目方案实施。教师教学发展中心工作委员会每年定期向领导小组汇报年度计划实施情况，及时反映教师和教学活动的工作动态。教师教学发展中心办公室负责中心日常运作工作，协助工作委员会开展工作，为工作委员会委员提供服务。

6.1.3 教学指导委员会

教学指导委员会（以下简称“教指委”）是指导本科教育教学工作的最高专家组织，要充分发挥“参谋部”“咨询团”“指导组”“推动队”的作用。各高校要参照《教育部高等学校教学指导委员会章程》制定本专业教指委章程，开展教育教学研究、咨询、指导、评估和服务等工作，对教学计划与教学改革中的重大问题提出意见。

（1）主要职能。为学校人才培养理念和目标、教育教学政策和规划等重大议题提供指导与咨询；就学校人才培养体系创新和人才培养模式改革提供方向性指导；对本科教学工程项目、各种教学奖励、专业申报与调整及教育教学改革等重大事项进行审议；指导和审议各专业人才培养方案、课程体系调整方案；指导和审议学校年度教学工作要点、工作考核体系和教学经费使用方案等；对教育教学和改革实践中出现的新问题进行专题研究论证，提出改进意见和实施方案；组织开展学校教师教学能力提升培训、学术研讨和经验交流；开展本科专业设置评议与咨询，指导一流本科专业建设；指导开展课堂教学改革，推进优质教育教学资源开放共享，推广优秀教学成果，推动高校形成良好的教育教学秩序；推进高校人才培养标准体系建设，参与开展本科专业三级认证，加强学校质量文化建设。

（2）工作机制。①建立教指委主任委员和秘书长联席会议制度。②建立教指委全体委员会议制度。全体委员会议的主要职责：研究并通过该教指委工作细则、组织运行机制等工作制度，研究并通过教指委工作规划及年度工作计划，听取主任委员（或经主任委员授权的其他委员）所做年度工作报告，讨论决定其他需要全体委员会议决定的事项。教指委全体委员会议决议的事项，须有不少于 2/3 组成人员出席会议，并经出席会议全体成员充分酝酿讨论后，采取无记名投票方式进行，由出席会议人员 4/5 及以上表决同意方可认为通过。教指委研究形成的各种标准、规范、报告、政策建议等指导性文件，报教学领导组审核。

6.1.4　教学质量监控中心

各高校要成立独立的本科教学质量监控中心，负责对本科教学运行和管理工作进行监督、检查与评价。许多高校通行的做法是成立本科教学督导委员会（或本科教学质量监控中心），作为教务处（部）的内设机构，主要职责是参加学校组织的期初教学、期中教学检查和期末考试检查工作；按照教务处提供的课程表和教学进度表，对课堂教学各个环节的工作情况和效果进行教学质量检查与评价；参加学校组织的毕业论文（设计）开题检查、中期检查和答辩检查等；指导中青年教师的教学工作，根据听课情况向教师反馈分析课堂教学的优势和不足，帮助教师改进课堂教学工作；参加学校教学评估和教师教学考核工作等。

作为内设机构的本科教学督导委员会既是“运动员”又是“裁判员”，只是内部自我监督的一种方式，机制弊端十分明显，无法替代第三方监督。例如，山东农业大学按照管理学原理，设置与教务处同级，受校党委和行政部门直接领导，专门履行本科教学工作调研、督导、监控和评价的教学质量管理机构（教学质量监控中心）。这是一种很好的尝试，值得借鉴。该中心按照“素质高、能力强、专兼职结合”的原则，加强教学质量监控中心和教学督导组队伍建设，有监控中心工作人员 4 人，教学督导员 57 人，其中校级教学督导员 8 人、院级教学督导员 49 人。该中心职能：研究国内、国际教育发展形势，构建学校教学质量保障与监控体系，并对该体系进行评审；负责学校教育部本科教学评价工作的组织和实施；主持制定各种评价标准、评价指标体系及实施办法，参与学校教学工作质量标准、教学规章等相关文件的制定、修订；收集、整理、分析研究教学质量评价信息，对教学过程进行监督、指导、反馈与跟踪，为学校决策提供依据；负责组织完成学校年度教学质量报告，组织各教学单位完成年度本科教育质量报告；负责全校教学督导工作的组织与协调，负责组织教学督导组进行教学秩序检查和各类考试巡视，反馈教学检查情况；负责制订学校教学评估年度工作计划，提交专项评价工作总结和年度总结；会同教务处、学生处等部门开展本科教学检查和教学评估，具体包括教师教学工作评价、学院教学工作评价、专业评价与认证、课程评价、教学档案管理工作评价、实验室评价、实践教学检查与实验教学评估、学生综合素质测评、毕业生就业工作评价；与学工处、教务处共同负责，开展毕业生本科教学调查问卷工作；与教务处共同负责，做好校级各类教师教学质量优秀奖评选和省级以上优秀奖的推荐工作等。

6.1.5 教材工作指导委员会

（1）组织机构。教材工作指导委员会设主任委员 1 名（由主管教学的校长担任）；副主任委员 3 名（其中 1 名由教务处处长担任）；委员若干名（根据专业分布，原则上一个专业 1 名，由该专业负责人担任）。各院、系、部成立教材工作小组，由主管教学的院长（主任）任组长，各教学系、教研室（或课程组）主任担任小组成员。教材工作指导委员会成员实行任期制，每届任期四年。

（2）工作任务。审订全校教材建设规划和年度计划；检查落实教材工作中的各项方针政策；组织指导各专业的教材研究和评价工作；指导外国教材引进、研究与评价工作；评选优秀教材和讲义；指导教材使用，对各院教材选用及使用情况进行评价；督促检查有关教材工作规定的贯彻落实情况，经常听取教师、学生对教材建设、教材选用的意见和要求，责成有关部门落实。

各院、系、部教材工作小组的主要任务：负责本单位的教材建设，制订教材建设规划和年度编审计划，开展教材建设的研究工作；负责审查本单位编审的自编教材、讲义质量；对选用教材进行审查，确保教材选用符合教材选用原则规定的指标；评选并推荐优秀教材工作；督促检查教材选题、编写工作的实施。

6.2 制度建设

制度是保障教学质量的必要手段。教学质量制度体系由教学质量标准制度、教学运行管理制度、教学质量监控制度、教学质量评价制度、教学质量反馈制度与教学资源保障制度等基本制度与主要环节的制度构成。

6.2.1 标准要求

1. 教学质量标准

（1）教学过程质量监控机制。①健全本专业主要教学环节质量标准。

对培养方案制订、课程教学大纲（含实验大纲）编制、课堂教学、课程考核、实验教学、专业实习、毕业论文（设计）等主要教学环节有明确的质量要求，定期进行课程体系设置和教学质量评价。要求教学质量标准完善、合理，与学校水平和地位相符；教学质量监控体系科学、完善，运行有效。②完善教学管理制度，包括任课教师聘任、课堂教学、实验教学、实习教学、毕业论文（设计）管理、课程考核、教学效果评价等制度。③建立教学质量保障机制。完善机制，确保人员、经费、图书、网络教学资源、实验室和实习基地等场地、设施足额到位，确保教授和副教授为本科生授课。④完善教学评价机制，建立定量评价与定性评价相结合的教学评价制度，对课堂教学、实验教学、实习教学、专业和课程建设质量进行评价。教学评价结果应作为教学工作考核、年终考核、教学奖励及评优、职称评聘的依据。强化学生评价主体地位，评教制度完善，促进教学质量提升。建立毕业生、用人单位、校外专家参与的研讨和修订专业培养目标、培养规格和培养方案的机制，专业培养定位和规格应兼顾前瞻性与可操作性，适应学生和社会发展的需要。

（2）毕业生跟踪反馈机制。建立与毕业校友、用人单位联系的机制，有效反馈毕业生、社会和用人单位对培养目标、毕业要求、课程设置、教学过程及人才培养方案的意见和建议，并通过调整相关教学环节，不断提高人才培养质量，满足社会发展对人才的需求。

（3）专业持续改进机制。制订专业发展长期规划，具有通过学科建设推动人才培养质量提高的措施。建立学生和专家相结合的评教机制，通过反馈评价信息及时了解和分析教学各环节的问题，及时给予修正。建立多渠道的信息反馈机制，吸收毕业生、用人单位对本专业建设的意见和建议，不断完善和修订培养方案。

2. 专业认证标准

专业认证标准有完善的校（院）两级教学质量保障体系，质量保障目标清晰，任务明确，机构健全，责任到人；各教学环节质量标准清晰合理，建立并严格实施教学过程监控常态化机制。专业认证标准能够定期开展专业自我评价及外部评价，定期对教学质量评价信息进行综合分析，能够有效使用分析结果，推动动物科学专业人才培养质量的持续改进和提高，形成追求卓越的质量文化。

专业认证标准（二、三级）各主要环节要求如表 6-1 所示。

表 6-1　专业认证标准（二、三级）各主要环节要求

观察点	二级	三级
课程实施	有制度和措施强化课堂教学对学生培养的关键作用。教学大纲能够有效落实毕业要求，教学内容、教学方法、考核内容与考核方式应支持课程目标的实现。能够运用现代教育技术和方法，有效提高学生的参与度，满足学生多渠道获取知识的需求，形成良好的课堂氛围	有制度和措施强化课堂教学对学生培养的关键作用。教学大纲能够有效落实毕业要求，教学内容、教学方法、考核内容与考核方式应支持课程目标的达成。能够运用现代教育技术和方法，有效提高学生的参与度，形成对话、质疑、研讨的课堂氛围。能够运用现代信息技术和手段，实现课堂教学与学生课外学习的有机结合，提高学生学习效果，满足学生多渠道获取知识的需求
课程评价	定期评价课程体系的合理性、科学性和课程目标的达成度，并根据毕业生和用人单位的反馈意见修订课程体系和内容。评价与修订过程应有在读学生、毕业生、用人单位及行业组织参与	定期评价课程体系的科学性、合理性和课程目标的达成度，并根据毕业生和用人单位的反馈意见修订课程体系、课程目标和课程内容。评价与修订过程应有在读学生、毕业生、用人单位及行业组织等参与，体现专业发展的引领以及社会和行业需求
教师管理	有完善的本科教学管理制度和措施，确保教师有足够的时间和精力投入课程教学和学生指导工作。专业核心课应由具有高级职称的教师担任主讲教师。有激励教师投入本科教学的制度与措施，保障教师有充足的时间和精力投入课堂教学与学生指导	健全师德建设长效机制和考核制度，把师德师风作为教师素质评价的第一标准

续表

观察点	二级	三级
教学考核	有教师教学质量综合评价机制，能够每年开展教师自我评价、学生评价、同行评价、督导评价等多种评价活动，综合评价结果与校内绩效分配、职称晋升挂钩	有教师教学质量综合评价机制，能够每年开展教师自我评价、学生评价、同行评价、督导评价等多种评价活动，综合评价结果与校内绩效分配、职称晋升挂钩。落实教师教学主体责任的奖惩机制
教师发展	制定并实施教师队伍建设规划和教师培养培训制度，能够组织教师开展教学研究，对青年教师有传帮带制度，传承与创新结合，保证教师教学水平不断提升	具有专门的教师教学发展机构和完善的教师教学培养培训制度。有新入职教师担任助教和教学培训上岗制度。定期组织教师进行国内外访学、教学技能与方法培训，开展教学研究，保证教师教学水平不断提升
协同育人	与农林经营主体、涉农企业、科研院所及行业管理部门等合作，建有长期稳定的实习实践基地，为学生实践和创新创业活动提供支持与保障，确保实习实践教学有序进行	农科教融合、产学研用协同育人机制完善，与农林经营主体、涉农企业、科研院所及行业管理部门等合作，协同培养学生实践和创新创业意识，提高学生发现和解决专业领域实际问题的能力。统筹专兼职教师队伍建设，促进双向交流，提高实践教学水平
实践教学	实践教学体系完整、目标明确，实习实践管理规范，能够对全过程实施质量监控。严格执行实习实践评价与改进制度，对实践能力和效果进行科学有效评价	实践教学体系完整、目标明确，实习实践管理规范，能够对全过程实施质量监控。严格执行实习实践评价与改进制度，对实践能力和效果进行科学有效评价
科研保障	—	科研实验室面向本科生开放。有专门针对本科生的科研训练项目。有制度和措施对学生参与教师的科研活动及教师将科研成果融入教学活动提供保障
质量保障　保障体系	—	建立完善的教学质量保障体系，各主要教学环节有清晰明确、科学合理的质量要求。质量保障目标清晰、任务明确、机构健全、责任到人，能够有效支持毕业要求达成

续表

观察点		二级	三级
质量保障	内部监控	建立完善的教学管理制度和质量保障体系，教学质量监控与评价机制明确有效，能够定期对课程体系与课程内容及教学质量进行评价，保障毕业要求达成。有教师教学质量综合评价和教师激励机制，综合评价结果与校内绩效分配、职称晋升挂钩，确保教师有足够的时间和精力投入课程教学和学生指导工作	建立教学质量监控与评价机制并有效执行，运用信息技术对各主要教学环节质量实施全程监控与常态化评价，保障毕业要求达成
	外部评价	建立毕业生跟踪反馈及企事业用人单位、行业部门、研究生培养单位等利益相关方参与的多元社会评价机制，定期对培养目标、课程体系的合理性、科学性和课程目标的达成度进行评价，并根据毕业生和用人单位的反馈意见修订课程体系和内容	建立毕业生持续跟踪反馈机制，以及企事业用人单位、行业部门、研究生培养单位等利益相关方参与的多元社会评价机制，定期对培养目标的达成度进行评价
	持续改进	定期对校内外的评价结果进行综合分析，能够有效使用分析结果，推动农林专业人才培养质量的持续改进和提高，形成追求卓越的质量文化	定期对校内外的评价结果进行综合分析，能够有效使用分析结果，推动农林专业人才培养质量的持续改进和提高，形成追求卓越的质量文化

专业认证标准明确要求的制度措施：制订教师队伍建设规划，教师培养培训制度，教师开展教学研究制度，青年教师传帮带培养制度，教师教学培养培训制度，新入职教师担任助教和教学培训上岗制度，保障教师有足够时间和精力投入本科教学（课程教学和学生指导工作）的意见，高级职称教师担任专业核心课主讲教师，教学研讨、试讲、集体备课和督导等制度。强化课堂教学对学生培养的关键作用的制度、教师将

科研成果融入教学活动的制度、学生参与教师科研活动的制度、实习实践评价与改进制度，保证教学运行经费足额投入并逐年增长的实施意见，支持和促进学生发展的实施意见。

6.2.2 制度制定

高校作为社会引领者，要制定规范、精干、高效的教学管理制度。制度必须包括制定目标、适应范围、适用对象、制度实施、制度内容、违纪结果、使用时间等基本要素。要形成基本制度与环节制度相配套的制度体系，明确各制度实施的支撑材料要求。

综合教学质量标准与专业认证标准，人才质量保障的主要制度包括如下方面。

（1）教学运行管理制度体系。①教学质量标准体系。该体系涵盖培养方案、课程教学大纲（含实验大纲）、课堂教学、课程考核、实验教学、专业实习、毕业论文（设计）等主要教学环节。要求教学大纲必须有效落实毕业要求，教学内容、教学方法、考核内容与考核方式支持课程目标实现；运用现代教育技术和方法，能有效提高学生参与度，形成对话、质疑、研讨的课堂氛围；有课堂教学与课外学习的平台支持，满足学生多渠道获取知识的需求。要完善教学要素质量标准，包括教师、课程、实验室、实践基地、图书资料、学习平台等的质量标准。②教师管理制度体系。制定教师教学主体责任奖惩制度；制定任课教师聘任、课堂教学、实验教学、实习教学、毕业论文（设计）、课程考核、教学评估、教授和副教授为本科生授课等管理制度；保障教师有足够的时间和精力投入课程教学和学生指导的制度；专业核心课由高级职称教师担任主讲教师制度；激励教师投入本科教学的制度。③实践育人考核评价办法。制定涵盖全部实践教学体系、目标明确、管理规范，能够对全过程实施质量监控的制度，严格执行实习实践评价与改进制度，对实践能力和效果进行科学有效评价。④科研支持教学制度。要求科研实验室面向本科生开放，有专门针对本科生的科研训练项目，保障学生参与教师的科研活动及教师将科研成果融入教学活动。有制度和措施对学生参与教师的科研活动及教师将科研成果融入教学活动提供保障。⑤产学研协同育人制度。有完善的产学研协同育人机制，深化科教协同、产教融合，保障实践教学质量，实现与农业经营主体、涉农企业、科研院所及行业管理部门等合作，构建全过程协同培养学生实践和创新创业意识的机制，实现学生发现和解决专业领域实际问题能力的提高。⑥教学运行经费分配使用管理制度。有制度和措施保证足额投入并逐年增长，生均经费高于学校平均水平。

（2）教学质量监控与评价制度体系。①建立教学过程质量常态化监控机制与定期评价制度。构建对各主要教学环节质量的监控机制，能够运用信息技术对各主要教学环节质量实施全程监控与常态化评价。制定定量与定性评价相结合，涵盖课堂教学、实验教学、实习教学、专业建设和课程建设的质量评价制度，形成学生和专家相结合的评教机制；每年开展教师自我评价、学生评价、同行评价、督导评价等，并将评价结果作为教学工作考核、年终考核、教学奖励及校内绩效分配、职称晋升、评优、职称评聘的依据。通过反馈评价信息及时了解和分析教学各环节问题，并及时修正。评价中强化学生主体地位，实现以评促改、以评促建、评建结合。②建立课程体系定期评价制度。根据在读学生、毕业生、用人单位及行业组织的意见，评价课程体系的合理性、科学性，毕业生课程目标的达成度；根据毕业生和用人单位的反馈意见，修订课程体系、课程目标和课程内容。③建立毕业生持续跟踪反馈制度。建立企事业用人单位、行业部门、研究生培养单位等利益相关方参与的多元社会评价机制，定期对培养目标的达成度进行评价。满足毕业生、社会和用人单位对培养目标、培养方案、课程设置、教学过程的意见和建议的有效反馈，形成根据反馈意见完善相关教学环节、提高人才培养质量、满足社会发展对人才需求的目标。④制订人才培养方案修订制度。建立多渠道信息反馈机制，建立毕业生、用人单位、校外专家参与的研讨和修订专业培养目标、培养规格和培养方案（课程体系）的制度，吸收毕业生、用人单位对本专业建设的意见和建议，不断完善和修订培养方案。坚持专业培养定位和规格兼顾前瞻性、可操作性、适应学生和社会发展需要的原则。⑤构建专业持续改进机制。制订专业发展长期规划，构建专业发展与学科建设的联动机制。制订并实施教师队伍建设规划和教师培养培训制度，制定新入职教师担任助教和教学岗前培训制度、青年教师传、帮、带制度，形成定期组织教师国内外访学、教学技能与方法培训，开展教学研究，保证教师教学水平不断提升。定期对校内外的评价结果进行综合分析，根据分析结果修改完善培养方案、课程体系、课程内容，改革教学方式，推动专业人才培养质量的持续改进和提高，形成追求卓越的质量文化。

高校要通过定期对制度实施“废、改、立”工作，做好制度的合规性审查，不断完善与优化制度体系，切忌出现“一任领导一批制度”“旧制度不废、新制度再立”“一件事情两个制度”的混乱局面。

6.2.3　制度执行

制度的生命力在于有效实施。制度的实施效果可以通过执行材料审查与管理效果评价来进行。要建立制度执行定期评价制度，发现不合时宜与不完善的地方要及时修正，发现制度执行不力的情况要找到根源，对落实不力的及时提出批评与问责，确保制度有效、执行有力，保障人才培养在轨道上运行。制度执行中常见的问题是管理体系不健全，制度衔接不够；制度形式化，缺乏执行力；主体履职不到位，制度执行有效性不够；制度存在缺陷，只有要求，缺乏激励措施与惩戒手段。

6.3　质量监控体系建设

构建适合高校特点的人才培养质量监督与控制体系，是实现人才培养现代化的重要内容。各高校要系统分析影响人才培养质量的主要环节，形成标准—监控—评价—改进的闭环式监控机制；要顺应信息时代要求，构建集信息收集、处理、评价、反馈于一体的智能化质量监控与评价体系；要按照“管办评分离”的要求，设置独立的质量监督与评级机构，建立教务部门制定标准、学院执行标准化、第三方机构评价、有关部门实施督导的运行机制；要建立主体多元化的人才培养质量评价体系，构建包括学生、教师、管理部门、用人单位、第三方参与的教学评价机制。

要构建基于院（系）教学统计数据、反映院（系）本科教学状态的“数据主导”客观评价模式。同济大学利用本科教学状态数据进行教学评价的做法具有很好的借鉴价值。该校建设了本科教学基本状态数据库系统，在各院（系）填报数据的基础上，自动生成基础性数据；依据已发布的各种教学研究项目、教学奖励文件，统计汇总形成发展性数据；依据各院（系）提供的年度本科教学工作报告及支撑材料目录等信息，形成管理性数据，由学校督导团专家依据各类数据和院（系）年度本科教学工作报告，对各院（系）的本科教学状态进行综合评判。2017 年，该校院（系）本科教学状态评价指标有 15 项，分为 7 个基础性指标（生师比、教学经费投入、教授授课、专业课小班教学、双语教学、学生双向交流、学生升学出国）、3 个发展性指标（教师教学研究、教师获奖、学生获奖）、5 个管理指标（领导对本科教学的重视、基层教学组织活动、课堂专项听课、学风建设、对上一年评价反馈的整改）。

山东农业大学教学质量监控中心高度重视教学质量监控工作，构建了教学质量保障组织体系（图 6-1）、教学质量保障运行体系（图 6-2）与教学运行监控体系（图 6-3），逐步形成了“全员参与，注重过程，全程监控，突出结果，全面监控”的教学质量监控机制、质量改进联动机制与质量改进激励机制。

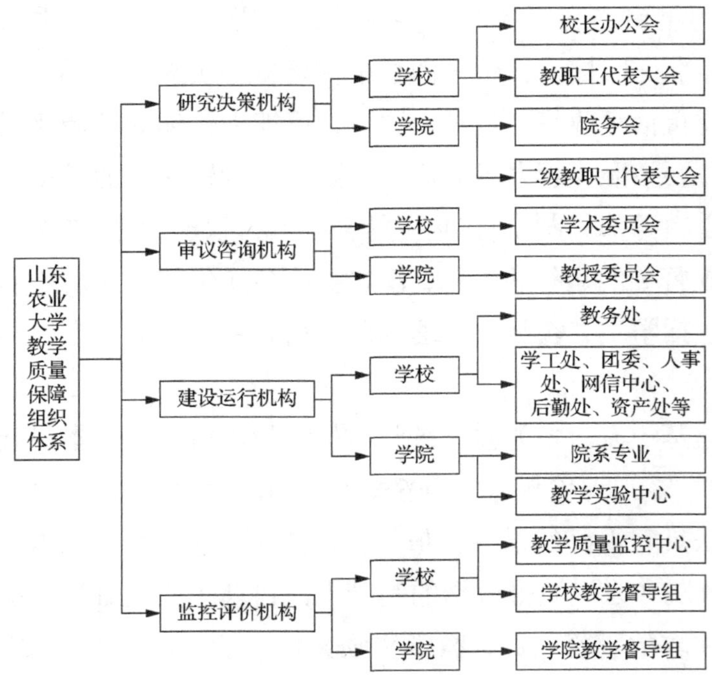

图 6-1　山东农业大学教学质量保障组织体系

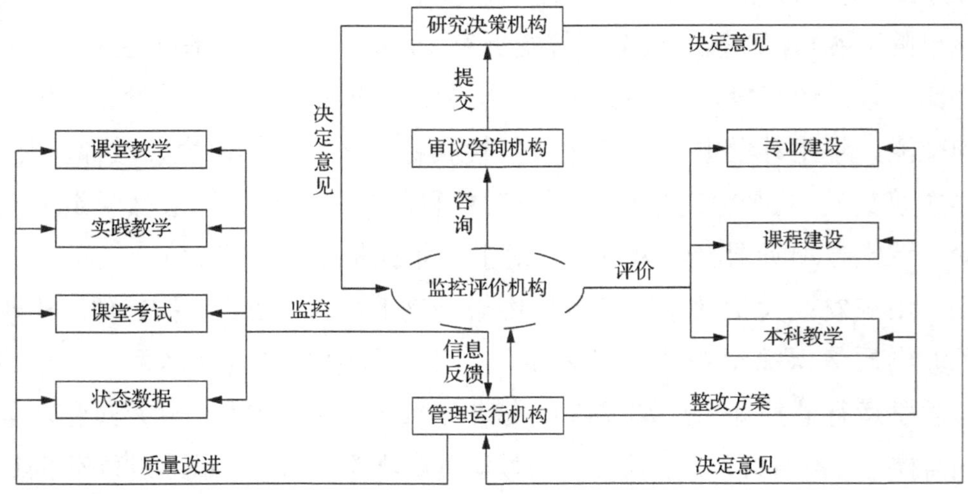

图 6-2　山东农业大学教学质量保障运行体系

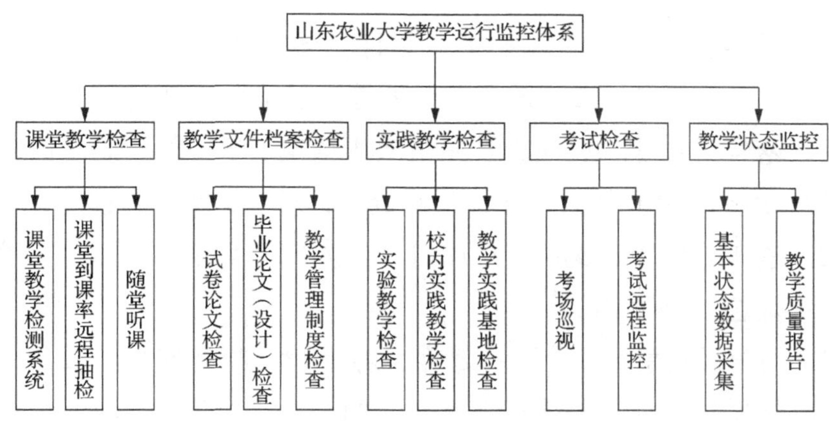

图 6-3　山东农业大学教学运行监控体系

山东农业大学教学质量监控工作主要做法如下。

（1）全员参与。每学期开学第一节课，校领导全部深入课堂听课，与师生深入交流；每学期集中考试期间，校领导轮流带领部门负责人到考场进行巡视。学校相关职能部门领导，学院党政领导和系、教研室、专业、课程、实验中心负责人及教学、学生工作管理人员，校院教学督导组成员，均明确了参与教学监控的任务和要求。

（2）注重过程、全程监控。①课堂教学、实验课教学严格执行“禁止停课、限制调课、经过批准方可代课”的管理制度；开展“三位一体”（督导员、学工人员、教务人员）的课堂教学检查；完善学院自查为主、学校督查为辅的期中教学检查模式。②全面开展教学运行监督（教学档案检查、实践教学检查）等工作。

（3）突出结果、全面监控。以人才培养目标和质量标准为依据，对教学建设、教学改革及教学要素和环节实施全方位、多层次检查评价，审核教学效果是否达到质量标准要求；采用多种方式，征集用人单位对人才培养质量的评价，评价培养结果是否符合培养目标要求，是否适应社会经济发展需求。

（4）质量改进联动机制。①明确责任制。校长办公会负责全面部署协调教学质量改进工作；教学质量监控中心和教务处等有关职能部门根据校长办公会提出的意见和要求，制订具体的教学质量改进措施和方案；各教学单位及有关部门根据教务处等职能部门下达的教学质量改进任务认真落实，并及时反馈教学质量改进情况。学校教学质量监控中心负责对教学质量改进情况进行跟踪检查与评价。②实行责任追究制。教学质量改进工作的评价结果，与部门、单位年终考核，与领导责任津贴、管理人员岗位津贴挂钩。

（5）质量改进激励机制。①改革人事制度，将体现教师教学质量水平的各种奖励纳入专业技术职务评聘、“1512 工程”各层次遴选指标体系。②改革分配制度，专设教学质量津贴。③完善选课制度，实行双选机制。④评选杰出教师，每年有 35 个名额，杰出教师每人奖励 5 万元，并与职称评审挂钩。

各高校人才培养的组织设置不同、教学运行监管方式不同，实施的评价路径不一，形成了不同的组织架构与制度体系。有的高校实施校（院）二级管理，有的高校实施学部与学院二级管理，但建设人才培养质量保障机制的基本目标是一致的。各高校要根据自己的管理体制与运行机制制定适合本校校情的人才培养制度与质量控制体系。

第 7 章　学生发展建设

学生发展是专业认证标准特有的评价内容，体现了"以学生为中心"的教育观，是实现学生全面发展、保障学生权益的重要途径，是实现学生与用人单位满意度的重要渠道，内容包括吸引优秀生源、开辟学习渠道、学生指导和服务等，涵盖学生的生活、学习、职业发展、就业创业、心理健康等，涉及高校招生、团学、就业等多个工作部门。

学生发展要遵循中共中央、国务院印发的《关于加强和改进新形势下高校思想政治工作的意见》（中发〔2016〕31 号），构建全员、全过程、全方位的育人（以下简称"三全育人"）工作体制机制，完善机构、制度与服务体系，形成课堂内外相结合的人才培养格局，打造具有学校特色的学生发展新模式。

7.1　专业认证标准

专业认证标准的主要考察点是吸引优秀生源，有健全的教学管理制度和措施，有效支持和促进学生发展，满足学生多样化需求；学生指导与服务体系完善，能够全过程开展思想政治指导、学业指导、职业生涯指导、就业创业指导、心理健康指导等，并取得实效；学生的知识、能力、素质达成毕业要求，在校生学习体验、学习效果、个人成长满意度高，毕业生就业质量好，用人单位认可度高。

专业认证标准（二、三级）要求如表 7-1 所示。

表 7-1　专业认证标准（二、三级）要求

项目	二级	三级
生源质量	—	具有吸引优质生源的制度与措施，成效显著
成长指导	学生指导与服务体系健全，能够适时为学生提供生活指导、学业指导、职业发展指导、就业创业指导、心理健康指导等多样化的服务，满足学生成长需求，并取得实效	学生指导与服务体系健全，加强思想政治教育，能够适时为学生提供生活指导、学业指导、职业发展指导、就业创业指导、心理健康指导等多样化的服务，满足学生成长需求，并取得实效
学业监测	—	建立形成性评价机制，对学生的学习能力、实践能力和创新能力进行评价，并及时形成指导意见和改进策略，保证学生在毕业时达到毕业要求
培养质量	建立形成性评价机制，确保毕业要求的达成，在校生学习体验、学习效果、个人成长满意度较高，毕业生就业质量好，用人单位满意度较高	有健全的教学管理制度和措施，保障学生的知识、能力和素质达成毕业要求。在校生学习体验、学习效果、个人成长满意度高，毕业生就业质量好，用人单位满意度高
持续支持	—	对毕业生进行跟踪服务，了解毕业生专业发展需求，为毕业生持续学习和发展提供条件

7.2　三 全 育 人

三全育人是实现学生发展的重要思想与路径源泉。全面理解三全育人的本质与内涵有助于做好学生发展工作。

7.2.1　三全育人的提出

三全育人首次出现在 2017 年中共中央办公厅、国务院办公厅印发的《关于深化教育体制机制改革的意见》中，该意见明确指出，要健全立德树人系统化落实机制。强调要构建以社会主义核心价值观为引领的大中小幼一体化德育体系。针对不同年龄段学生，科学定位德育目标，

合理设计德育内容、途径、方法，使德育层层深入、有机衔接，推进社会主义核心价值观内化于心、外化于行。深入开展理想信念教育，引导学生坚定拥护中国共产党领导，树立中国特色社会主义共同理想，增强中国特色社会主义道路自信、理论自信、制度自信、文化自信。深入开展以爱国主义为核心的民族精神和以改革创新为核心的时代精神教育、道德教育、社会责任教育、法治教育，加强中华优秀传统文化和革命文化、社会主义先进文化教育。健全全员育人、全过程育人、全方位育人的体制机制，充分发掘各门课程中的德育内涵，加强德育课程、思想政治课程。创新思想政治教育方式方法，注重理论与实践相结合、育德与育心相结合、课内与课外相结合、线上与线下相结合、解决思想问题与解决实际问题相结合，不断增强亲和力和针对性。用好自然资源、红色资源、文化资源、体育资源、科技资源、国防资源和企事业单位资源的育人功能，发挥英雄模范人物、名师大家、学术带头人等的示范引领作用，挖掘校史校风校训校歌的教育作用，充分发挥学校党、共青团、少先队组织的育人功能。加强学校教育、家庭教育、社会教育的有机结合，构建各级党政机关、社会团体、企事业单位及街道、社区、镇村、家庭共同育人的格局。要注重培养支撑终身发展、适应时代要求的关键能力。在培养学生基础知识和基本技能的过程中，强化学生关键能力培养。培养认知能力，引导学生具备独立思考、逻辑推理、信息加工、学会学习、语言表达和文字写作的素养，养成终身学习的意识和能力。培养合作能力，引导学生学会自我管理，学会与他人合作，学会过集体生活，学会处理个人与社会的关系，遵守、履行道德准则和行为规范。培养创新能力，激发学生好奇心、想象力和创新思维，养成创新人格，鼓励学生勇于探索、大胆尝试、创新创造。培养职业能力，引导学生适应社会需求，树立爱岗敬业、精益求精的职业精神，践行知行合一，积极动手实践和解决实际问题。要建立促进学生身心健康、全面发展的长效机制。切实加强和改进体育，改变美育薄弱局面，深入开展劳动教育，加强心理健康教育和国防教育。

7.2.2 三全育人的内涵

三全育人指全员育人、全过程育人、全方位育人。学校要健全全员育人、全过程育人、全方位育人的体制机制。

全员育人指学校、家庭、社会、学生组成的“四位一体”育人机制。高校要形成包括教师、辅导员、班主任、党政管理干部、“两课”（马克思主义理论课与思想品德课）专业教师、图书馆工作人员、后勤服务人员等的联合育人机制；家庭主要指父亲和母亲；社会主要指校外知名人士、优秀校友、各级部门等；学生主要指学生中的先进分子、群团组织。例如，2018 年山西农业大学本科教学工作审核评估专家反馈指出：学校坚决贯彻落实党的教育方针，坚持立德树人，克服在县域办学的困难，有效利用办学资源，形成了领导重视教学、政策倾向教学、学科支撑教学、科研反哺教学、管理服务教学、后勤保障教学、教师潜心教学、学生勤奋向学、人人重视教学的良好局面。这就是典型的全员育人模式描述。

全过程育人指学生从进校门到毕业，从每个学期开学到结束，从双休日到寒暑假，学校都精心安排，贯穿始终。

全方位育人指学校充分利用各种教育载体，搭建发展平台，营造学生健康向上的发展氛围与多元化的学习渠道，主要包括学生管理中的日常工作、学生自我发展组织体系的构建、学生创新创业条件的建设等。例如，山西农业大学坚持开设劳动教育课，以劳树德、以劳增智、以劳强体、以劳益美、以劳创新，使学生在实践中养成了劳动习惯，学会劳动和勤俭；坚持开展大学生社会实践活动，让学生实地接受国情、省情、农情教育，激发了学生爱农、事农、兴农的责任感和使命感；坚持挖掘校友教育资源，开展“校友导航——成功者之路”报告会，设立校友奖助学金，用校友的事迹激励学生，用校友的品质感染学生；学校深入推进创新创业教育与专业教育融合，在全省率先成立创业学院，设置创业课程，编写《创业学》，开设创业先锋班，建立 300 亩（1 亩≈666.67 平方米）大学生创业园和 2200 平方米“互联网＋农业”创新创业园，设立“金银焕创新创业基金”，从组织、教学、实践、保障 4 个层面，构建了较为完善的“双创”育人体系，形成了“扶上马、送一程、做后盾”的“三部曲”“双创”教育模式，入选了全国首批深化创新创业教育改革示范高校。这是很好的范例。

7.3　学生发展建设的内容

7.3.1　吸引优秀生源

生源质量是学生发展的内在基础，吸引优秀生源是全过程育人体系建设的源头。各高校通过高校招生宣传、学费减免、夏令营体验等手段吸引优秀生源，取得了一定成效。事实上，从根本上解决生源质量问题需要从学生的思想深处、生源基础抓起。通常，学校地理位置、学校级别、学科水平是学生入学考虑的三大因素，解决生源问题需要从根部抓起，练内功，造特色。

7.3.2　开辟学习渠道

开辟学习渠道包括转专业、选课、课外实践能力培养等。例如，中国农业大学于 2010 年启动的教育教学改革，放开学生转专业限制，实现学生自由转专业，构建了学生个性化培养的渠道；中国农业大学的“牛精英大赛”为全国农业院校学生在牛产业发展方面培养学生发现问题、解决问题、思辨能力的培养提供了新的路径；山西农业大学联合山西大学、山西财经大学开辟第二学位学习渠道，弥补了学校人文社科教学资源的不足，满足了农科学生学习人文社科知识的渴望，适应了社会对新农科人才多元化知识素质与复合人才能力培养的需求。学习渠道的开辟可通过以下两个案例说明。

（1）山西农业大学科教融合提升学生实践能力。该校在主动服务国家战略和区域经济社会发展中培养人才，通过积极参与“助力攻坚深度贫困吕梁行”活动，连续 3 年组织师生参与山西省脱贫成效评价。2018 年，该校受国务院扶贫开发领导小组办公室委托，完成贫困县退出第三方国家专项评估检查工作，组织近百支师生科技服务团队赴全省 11 个市 90 个县（区）的农业生产一线，为 6 市多个县（区）编制乡村振兴战略规划，提升了学生实践能力，形成了科研促进教学、社会服务反哺教学的良好局面。

（2）华中农业大学开设暑期学习班拓展国际视野。为适应经济全球化、教育国际化，拓宽学生知识视野、历练学生英语水平，该校利用 2019 年暑假，开设英语口语强化班，邀请美国俄亥俄州立大学 19 名外籍老师来校授课。全校 580 名学生参加了为期 3 周的英语口语听力强化培训。除英语口语班外，学校鼓励各学院积极邀请海外知名学者来校开设暑期专业类全英文课程。动物科学技术学院等 9 个学院共邀请来自美国、加拿大、澳大利亚等国的 16 名知名外籍学者，开设家禽育种学等 17 门专业类全英文课程项目，为学生开拓国际视野、开展英语学习和专业学习提供了有效平台。

7.3.3　学生指导和服务

各高校要构建内容全面、覆盖全程的学生指导与服务体系，形成涵盖大学一年级到四年级的思想政治、学业、职业、创业、就业与心理健康指导，并对毕业后一段时间内的学生提供帮助；要充分利用各种教育载体，搭建发展平台，服务学生需要；要完善学生自我发展组织体系，健全管理制度，推动学生事务管理创新，在自我发展中培养组织协调能力与团队精神；建设体育锻炼俱乐部，为学生课外体育锻炼提供条件；加强创新创业团队建设与服务，培养创新创业能力；要落实中共中央、国务院印发的《关于加强和改进新形势下高校思想政治工作的意见》要求，建立健全校领导、院（系）领导联系师生、谈心谈话制度；要注重学生健康向上氛围的营造，在学生综合测评、奖学金评定、贫困生资助与勤工助学、学生入党、校园文化建设、宿舍文化建设、学风建设、诚信教育、社会实践等学生工作中，全面落实专业人才培养思想。学生指导和服务可通过以下 3 个案例说明。

（1）山西农业大学的大学生规划指导。山西农业大学为大学一年级学生开设专业导学课、大学生安全教育与学习教育，引导学生了解专业与课程设计、适应大学课程学习与自身安全；大学二年级开设大学生职业生涯规划课，引导学生做好大学 4 年的规划；大学三年级开设大学生创业基础与职业生涯规划课，引导学生做好报考研究生与就业基础工作；大学四年级开设大学生就业指导与毕业教育，为学生走向社会而做好思想准备。全程开设大学生心理健康课，解决他们的心理困惑。

（2）中国农业大学的学业指导（中国农业大学教务处，2017）。2016 年，中国农业大学启动新一轮本科教学改革，全面启动学业指导工作，开展了各类讲座和辅导，有效营造了良好的学习氛围，为学生的学业发展“加好油、点亮灯、照亮路”。该校学业指导的宗旨是“以学生为中心”“以完成学业、提升能力”为导向，统筹学校教育教学资源，全方位、多角度、分层次推进各项工作，以帮助学生合理规划学业，促进学生全面发展、成长成才。①全面启动新生学业指导工作。以新生入学教育为契机，做好“学业指导第一讲”。新生入学后，教务处面向全校本科新生开设“大学第一讲”，系统详尽地讲解本轮教学改革情况、本科培养方案的目标和要求、学籍管理相关规定、选课注意事项等学业相关内容。学校相关人员召集新生代表开展座谈会，希望学生知行统一，勇担历史使命。2016 年 12 月 10 日，在王涛副校长召集下，召开了新生代表座谈会，与会人员包括各班班长、团支部书记、学习委员和辅导员，共计 300 余人。会上，王涛副校长向同学们传达了全国高校思想政治工作会议上习近平总书记的重要讲话，希望同学们坚定理想信念、担当历史使命，知行统一、落实行动，努力成长为德才兼备、全面发展的人才。随后，几位教务处副处长分别介绍了培养方案与教学改革、学籍管理政策、招生情况等。教务处学籍科教师还为学生精心设计了“学业规划进程表”和“GPA（grade point average，平均学分绩点）计算规则表”，让学业指导更接地气。②开展出国、转专业专项学业指导工作。围绕学生学业发展的关键环节，力争做到“一专项一宣讲”。2016 年秋季学期，就与学生的学业发展相关的出国交流和转专业两项工作，教务处分别召开大型宣讲会，介绍相关政策及热点问题，并多次安排 Office Hour 进行答疑。与此同时，教务处还充分利用校园新媒体进行宣传，以学生喜闻乐见的形式推广宣讲信息，有效提升了信息发布的及时性、准确性、公开性。此外，教务处面向在校转专业学生开展问卷调查，参考学生意见和建议，重新梳理并细化转专业工作流程，指导学生转前认真准备、主动获取信息，转后及时办理相关手续。类似专项活动有双学位、研究生推免等。③加强基础课学业辅导工作。以学生需求为导向，建立基础课学业辅导新模式。2016 年秋季学期，对课程难度较大、修读人数较多的基础课，教务处组织了 5 场大型期末复习讲座，参加学生近千人次。邀请基础课教师们根据学生需求讲授了课程大纲、重要知识点和典型例题等内容，对于学生的知识结构梳理和掌握有很大帮助。另外，对于所有数理化公共基础课，统筹安排 Office Hour，优化配置教学资源，由任课教师或助教为学生答疑。④关注特殊类学生学业发展。深入调研学业预警，提出分级预警新方案。2016 年，教务处组织召开了校内预警学生座谈会和预警政策改革座谈会，并走访调研北京市高校。吸收了学生需求和学院教务学工多方面意见，同时借鉴外校的预警策略，最终形成了分级预警方案，便于学工部门开展帮扶。开展学习经验交流会，榜样力量辐射全员。学期末，教务处组织召开民族生新生学业发展座谈会，邀请 4 位高年级学业优秀的民族生（其中两位已保送攻读研究生，一位参军复学）介绍学习经验。几位学长建议新生们多读书，多与老师同学沟通，多参加活动展示才艺，鼓励他们独立完成学业，做好自我成长规划。此外，教务处还邀请已毕业的低龄入学（本科入学年龄小）学生廖崴（现为中国农业大学硕士研究生）与大学一年级、二年级的低龄学生分享学习经验，帮助他们更好地适应大学生活并尽早做好学业规划。

（3）山西农业大学的持续支持模式。该校坚守对毕业生跟踪服务，了解毕业生专业发展需求，为毕业生持续学习和发展提供帮助，入选了全国首批深化创新创业教育改革示范高校，涌现出了“全国就业创业优秀个人”黄超、“全国扶贫先进个人”刘清河、山西省首位“中国大学生年度人物”江利斌、“中国大学生自强之星”马红军、“山西省三八红旗手”大学生“村官”杜娟等一大批扎根农村基层、带领农民创新创业的优秀大学生。

7.4　效 果 评 价

学生发展评价包括在校生学习体验、学习效果、个人成长的满意度评价，学生的知识、能力和素质的达成度评价；毕业生就业质量与用人单位的满意度评价；校友的成才评价，如成长为行业领军和精英人才的毕业生比例等。这些评价可以采用问卷调查、支撑材料分析、测验等形式，通过定性与定量的方法完成。

第8章　专业特色建设

特色指高校中的优势专业，是高校专业的生命力所在。但是，特色专业不等于优势专业。特色是专业在长期办学过程中沉淀形成的、独特的做法。特色对优化人才培养过程、提高教学质量作用效果显著。特色要有一定的稳定性并在社会上有一定的影响且得到公认，体现在教育理念、教育模式、教学管理、教学方法等方面。

专业认证标准指出，专业可自行选择有特色的补充项目，包括专业长期积淀、被实践证明行之有效的做法，或者上述标准项尚未涵盖的内容，明确确定了专业的特色内涵。

8.1　特色专业建设

特色专业是我国高校在一定的办学思想指导下和长期的办学实践中逐步形成的具有特色的专业，指一所学校的某一专业，在教育目标、师资队伍、课程体系、教学条件和培养质量等方面，具有较高的办学水平和鲜明的办学特点。国家为了进一步优化专业结构，推动内涵发展，从2007年起启动实施高校本科教学质量与教学改革工程，下发了《教育部 财政部关于实施高等学校本科教学质量与教学改革工程的意见》（〔2007〕1号），分两类实施了国家级特色专业建设项目。该项目要求特色建设专业大力加强课程体系和教材建设，改革人才培养方案，强化实践教学，加强教师队伍建设，引导不同类型高校根据办学定位和发展目标，发挥自身优势，办出专业特色。

《关于启动“第一类特色专业建设点”遴选工作的通知》提出，“第一类特色专业建设点”的建设目标是适应国家经济、科技、社会发展对高素质人才的需求，引导不同类型高校根据自己的办学定位，发挥已有的专业优势，办出专业特色，推进高校专业建设与人才培养紧密结合国家经济社会发展需要，为同类型高校相关专业建设和改革起到示范和带动作用。建设内容和要求如下。①改革人才培养方案，构建经济社会发展需要的课程体系。加强相关产业和领域发展趋势和人才需求研究，形成有效机制，吸引产业、行业和用人部门共同研究课程计划，制定与生产实践、社会发展需要相结合的培养方案和课程体系。②改革课程教学内容，加强新教材建设。课程内容要充分反映相关产业和领域的新发展、新要求，减少陈旧内容。有较高外语要求的，要加强国外优秀教材的引进和使用，大力提升双语教学的质量。③改革教师培养和使用机制，加强教师队伍建设。完善校内专任教师到相关产业和领域一线学习交流、相关产业和领域的人员到学校兼职授课的制度和机制。建立教师培训、交流和深造的常规机制，形成一支了解社会需求、教学经验丰富、热爱教学工作的高水平专兼职结合的教师队伍。④改革实践教学，推进人才培养与生产劳动和社会实践相结合。要建立学生到工厂、企业、农村、社会等实践教学基地开展实践实习的有效机制，实践实习的时间原则上不少于半年。要建立学校、用人单位和行业部门共同参与的学生考核评价机制。⑤通过改革和建设，培养一批适应经济社会发展需求的专门人才，并集成取得的有效经验和实践效果，形成该专业建设内容的相关参考规范，发挥推广和示范的作用。

《关于启动“第二类特色专业建设点”申报工作的通知》提出，“第二类特色专业建设点”的建设目标是依据国家需要，在优先发展、紧缺专门人才和艰苦行业中，选择相关若干专业领域的专业点进行重点建设，推进高校专业建设与人才培养紧密结合国家经济社会发展需要，形成一批急需和紧缺人才培养基地，为同类型高校相关专业建设和改革起到示范和带动作用。中国农业大学、华中农业大学、江西农业大学、四川农业大学、浙江大学和山东农业大学的动物科学专业被先后批准为国家二类特色专业建设点。“第二类特色专业建设点”的建设内容如下。①改革人才培养方案，构建经济社会发展需要的课程体系。加强相关产业和领域发展趋势和人才需求研究，形成有效机制，吸引产业、行业和用人部门共同研究课程计划，制定与生产实践、社会发展需要相结合的培养方案和课程体系。②改革课程教学内容，加强新教材建设。课程内容要充分反映相关产业和领域的新发展、新要求，减少陈旧内容。有较高外语要求的，要加强国外优秀教材的引进和使用，大力提升双语教学的质量。③改革教师培养和使用机制，加强教师队伍建设。完善校内专任教师到相关产业和领域一线学习交流、相关产业和领域的人员到学校兼职授课的制度和机制。建立教师培训、交流和深造的常规机制，形成一支了解社会需求、教学经验丰富、热爱教学工作的高水平专兼职结合的教师队伍。④改革实践教学，推进人才培养与生产劳动和社会实践相结合。要建立学生到工厂、企业、农村、社会等实践教学基地开展实践实习的有效机制，实践实习的时间原则上不少于半年。要建立学校、用人单位和行业部门共同参与的学生考核评价机制。⑤通过改革和建设，培养一批经济社会发展急需人才，并集成取得的有效经验和实践效果，形成该专业建设内容的相关参考规范，发挥推广和示范的作用。

该通知提出的申报条件如下。①符合本校办学定位和特色发展方向，纳入本校专业建设规划并进行重点建设，建设成效良好。②具有较长的举办本科教育的历史（特殊专业领域除外），重视本科教学，具有较为雄厚的师资和教学管理力量、较完备的教学基础设施和办学条件，在同类专业领域内具有鲜明的办学特色和明显的办学优势，毕业生社会声誉好。③改革思路清晰，目标明确，方案科学可行，管理有保障，成效可测量，具有创新性和先进性。有调动教师积极参与教学改革的政策和措施。④专业建设能密切联系经济社会发展，在与相关产业和领域的合作方面有良好机制和途径，合作密切。

纵观特色专业建设，必须有悠久的办学历史与良好的办学基础，包括学科基础、传统基础、资源基础或人才基础。例如，江西农业大学立足传统优势，建设动物科学专业（曾志将等，2010）。该校动物科学专业是传统优势专业之一，始建于 1958 年，具有悠久的办学历史；1984 年列为江西省重点专业，2001 年成为江西省第一批本科品牌专业；设有 1 个动物遗传育种与繁殖学博士点、畜牧学一级学科硕士授予点，动物遗传育种与繁殖学、动物营养与饲料科学、特种经济动物饲养 3 个二级学科硕士授予点；动物生产学是江西省重点学科，动物生物技术实验室是江西省第一家省级重点开放实验室、农业部重点开放实验室和科技部省部共建国家重点实验室培育基地；动物遗传育种与繁殖学和特种经济动物饲养是江西省“十一五”重点学科，动物营养与饲料科学是江西省示范硕士点。

此外，中国农业大学、华中农业大学、四川农业大学、浙江大学立足学科优势，增强办学特色；内蒙古农业大学立足地方草原资源优势，建设草牧业为主体的动物科学专业。

8.2　专业特色构建

8.2.1　培养模式创新

各高校在专业建设、人才培养上各有特点，将长期积淀，被实践证明行之有效的做法，总结凝练形成特色，打造特色专业，是国家教育改革的基本方向。各高校要把行之有效的方法用制度确定下来，长期执行，推动人才培养的质量。

培养模式创新有以下 4 个案例。

（1）华南农业大学与温氏食品集团股份有限公司（简称“温氏股份”）的校企合作办学模式（陈晓阳等，2018）。温氏集团与华南农业大学合作历程大体经历了 3 个阶段（吕建秋，2012），1992 年以前的“顾问式”产学研松散合作；1992～2006 年的单一学科“契约式”产学研紧密合作；2006 年以后的多学科“跨越式”产学研全面合作。1992 年以前，华南农业大学的教师通过担任企业顾问、短期的技术指导、技术培训等方式与温氏集团进行合作。1992 年 10 月，华南农业大学畜牧系（现为动物科学学院）与温氏集团正式签订合作协议，首创高校持股加盟企业的产学研合作模式。1997 年 10 月，温氏集团与华南农业大学畜牧系又签订了第二期合作协议。2006 年 11 月，华南农业大学以学校名义与温氏集团正式签订了产学研全面合作协议，双方的合作实现了由单一学院、单一学科向多学院、多学科的跨越式转变，学校为企业提供全方位、多领域的技术服务和支持，包括养鸡、养猪、蔬菜、加工、兽医、兽药、肥料、信息、金融、管理等。

华南农业大学与温氏集团在合作过程中构建了“5 个捆绑”的协同机制，即：权利捆绑——联合成立研究院，高校参与管理；责任捆绑——共同分担风险和责任；利益捆绑——实行股份制；科研捆绑——共建研究平台；人才捆绑——双方互聘人员。“5 个捆绑”的协同机制，解决了高校与企业汇聚资源、协同育人中的合作难题，实现了“能协同，真协同”。华南农业大学借此构建了“校内课程学习＋企业课程学习＋公司实习实训”的教学模式，采取“理论—实践—理论—再实践”的教学方式，培养动物科学专业本科人才。

校企协同培养机制体现在“6 个共同”。①共同设计培养方案。②共同使用学术资源，如实施校企人员互聘“双百计划”，由 100 名教师任企业科技带头人，由 97 名企业高管和技术人员到校任教。③共同承担课程教学，实践类课程由集团承担，毕业论文（设计）指导实行双导师制。④共享科研教学平台，双方先后建成了国家生猪育种工程技术研究中心、国家级农科教合作人才培养基地等科教平台。⑤共创奖教助学机制，分别在学校设立了“大华农奖教金”“大华农优秀兽医人才培养基金”等。⑥共同实施质量监控，其结果用于协同育人的改进。

（2）中国农业大学的“牛精英大赛”。该校促进学生、企业、专家之间的互相学习与交流，建立在读学生与养牛业相关单位的纽带，鼓励在校本科生、研究生能够将书本知识与实践相结合，将所学理论知识与实际生产相联系，培养学生实际动手能力，为牛产业培养高级专业人才。2016 年 7 月 22 日，首届全国高校牛精英挑战赛在内蒙古农业大学正式拉开帷幕。该项目集技术交流、参观实践、答辩挑战于一体，拓展了学生知识视野，培养了学生分析问题、解决问题的能力和思辨思维与团队协作精神。

（3）河南牧业经济学院的应用型特色。该校始建于 1957 年，是河南省本科转型发展试点学校。学校秉承“区域性、行业性、开放型、应用型”的办学定位，走出了一条“产学研紧密结合，校企生良性互动”的办学道路，打造了“教改领先、校产知名、学生管用”的办学品牌，“接地气、好就业”成了一张亮丽名片，赢得了良好的社会声誉。学校在原郑州牧业工程高等专科学校和原河南商业高等专科学校的基础上，建设“牧业为基、经济为特、牧工商一体化”的专门人才培养机制，满足现代畜牧业对人才的需求。该校坚持以教学为中心，把提高人才培养质量放在首位；在教学改革上，着力加强专业建设、课程建设、教材建设和教学团队建设；先后创建了“2＋1”“双循环”“三二四”等人才培养模式，获得国家级教学成果特等奖 1 项，一等奖 2 项，二等奖 3 项；建设国家级教学团队 2 个，省级教学团队 7 个，省级优秀教研室 5 个，国家级精品资源共享课 6 门，省级精品资源共享课 4 门，省级精品在线开放课程 8 门，省级精品课程 17 门，国家级精品教材 1 部，国家“十二五”规划教材 35 部，省级虚拟仿真教学项目 2 个，省级实验教学示范中心 2 个。该校设置省厅级工程技术研究中心、高教研究室、企业发展研究所等专门机构，开展教学研究和科研创新。该校与雏鹰农牧集团股份有限公司开展战略合作，自 2011 年起开设雏鹰班，已联合培养了 1000 多名“牧工商一体化”的专门人才。

（4）四川大学个性化三全育人模式（谢和平，2018）。个性化教育的核心是允许学生有个性、有差异、有不同，真正使每个学生都能在学校找到适合自己的教育，让每个学生的天赋、特长、潜质都能得到充分发挥。2004 年以来，四川大学先后实施了万门课程计划、学术型社团计划、交叉培养计划、“三进三结合”计划，为每个学生潜质和特长的充分发挥创造条件、搭建平台。①实施万门课程计划。面向全校本科生开设 1 万门左右课程，其中，学术探索型课程为 5000～6000 门；创新创业型课程在 2000 门左右，邀请杰出校友、优秀企业家和社会知名人士开课，教学生如何当高管、如何创业；实践应用型课程为 1000～2000 门；同时，学校还构建了本硕博贯通的课程体系，以学生的学习需求、个性化发展为导向，打通本硕博课程体系的设置和选修界限，面向不同学习能力、学习需求的学生开放，真正使不同层次、不同需求的学生都能找到适合自己的课程体系，使每个学生都能找到适合自己的教育。②实施学术型社团计划。坚持以学术型社团建设为抓手，把学术型社团作为第一课堂的重要补充，实施个性化教育的载体，发展学生个性、兴趣、爱好、特长和潜质的重要平台，真正形成“学生下课以后要么在图书馆，要么在操场，要么在社团”的良好学习氛围。该校鼓励教师担任学术型社团的指导教师，把教师参与社团活动、指导社团发展计入工作量。目前，该校已成立学术型社团 674 个，参加学术社团的学生人数近 5 万，校内专业指导教师近 900 人。③实施交叉培养计划。构建了多学科交叉培养平台，建设了“数学—经济”“计算机—金融”等交叉培养专业及吴玉章学院、交叉创新班；开设了“数学—金融”“数学—管理”等交叉学科复合型课程，着力构建多类型、多层次交叉学科课程体系；设立了跨学科交叉研究课题，全校师生都可以申请立项；制定了跨学院学习生活学籍制度，鼓励学生跨学院学习 3 个月或半年，学习其他学科专业知识、感触其他院系生活，通过这些举措，真正让学生具有扎实的专业知识，同时拓展多学科的知识面和广阔的学科视野，具有更强的后发优势。④实施“三进三结合”计划。坚持教学与科研结合、课程与课题结合、教学团队与科研团队结合，鼓励学生从大学三年级开始进课题组、实验室和科研团队，让学生更多地参与创新实践，培养学生批判性思维和创新能力。同时，学校探索推进科研成果进教材、进课堂，自然科学基金等各类科技项目供本科生进行科研训练，高水平实验室、校企联合研发中心等平台向本科生开放，鼓励本科生参加学术报告、学术会议等，以此培育学生的创新意识和能力，启迪学生的科学思想、引导学生追求真理。

8.2.2　特色内容建设

专业认证标准基于动物科学专业的核心制定，并未涵盖所有项。各高校可以根据自己的办学优势、区位资源特色、教育理念、教育模式、管理模式与教学方法等打造自己的专业特色。例如，东北地区结合区域气候优势发展毛皮动物产业，陕西省发展奶山羊产业，青藏高原地区发展牦牛产业等，依托产业培育特色专业。各高校也可以结合现代生物技术与信息技术，构建以繁殖生物技术、智慧畜牧、精准畜牧等为特色的动物科学专业。

各高校也可以围绕自身优势、治学方略、办学理念、办学思想等教育理念，教育模式与人才特点的教育模式，创新的教学管理制度与运行机制，以及特色的课程体系、教学方法、教学改革等，打造属于自己的专业特色。例如，哈尔滨工业大学发布的《一流本科教育提升行动计划2025》，充分发挥该校的信息技术优势，以智慧教室、数字图书馆等推进教学环境整体改造，全面打造“云＋端”一体化泛在教学空间，创建泛在教学空间中充分利用信息技术的育人新生态。

第9章 教学改革

教学改革回答了新时代怎么培养人的问题。搞好教学改革是新时代谱写教育奋进之笔的重要手段，是推进高等教育内涵式发展的重要抓手，是新时代中国高等教育的鲜明特色，是实现专业认证的重要路径。教学改革涉及面广、难度大、内容多，事关每一位教师与管理人员，需要各环节相互支撑。当前的首要任务是全面落实中共中央办公厅、国务院办公厅印发的《关于深化教育体制机制改革的意见》《教育部关于加快建设高水平本科教育全面提高人才培养能力的意见》《教育部　农业农村部　国家林业和草原局关于加强农科教结合实施卓越农林人才教育培养计划2.0的意见》，形成促进高等教育内涵发展的体制机制。

9.1　高等学校教学改革回顾

党和政府一贯重视高等教学改革。

1985年5月27日，中共中央发布《中共中央关于教育体制改革的决定》。该决定指出，教育体制改革的根本目的是提高民族素质，多出人才，出好人才，改革同社会主义现代化不相适应的教育思想、教育内容、教育方法。

1993年2月13日，中共中央、国务院印发《中国教育改革和发展纲要》。该纲要指出，高等教育担负着培养高级专门人才、发展科学技术文化和促进现代化建设的重大任务。高等教育的发展，要坚持走内涵发展为主的道路，努力提高办学效益。要区别不同地区、科类和学校，确定发展目标和重点。制定高校分类标准和相应的政策措施，使各种类型的学校合理分工，在各自的层次上办出特色。

1994年，第三次全国普通高等农林教育工作会议召开。国家教委、农业部、林业部印发《关于进一步推进高等农林教育改革和发展的若干意见》。该文件提出，深化教学改革，提高教学质量。要重视提高学生的全面素质，重视复合型人才培养，适当增加有关人文、社会学科方面的选修课程，把科研训练和社会实践活动纳入计划。研究并逐步建立主辅修的课程体系，实行主辅修制度。改革教学内容和方法，要紧跟科技发展，不断革除陈旧的知识和观点，更新内容；要注重整体优化，推动系列课程改革，建立科学的内容体系；要贯彻少而精的原则，突出重点、要点；要研究教学内容在深度、广度方面的专业适用性，使教学内容符合人才培养规格的要求。要转变教学思想，树立以学生为主体的观念，废除注入式，倡导启发式。

2004年3月3日，国务院印发《2003—2007年教育振兴行动计划》。该文件提出，以提高高等教育人才培养质量为目的，进一步深化高校的培养模式、课程体系、教学内容和教学方法改革；鼓励名师讲授大学基础课程，建设示范教学基地和基础课程实验教学示范中心。完善高校教学质量评价与保障机制，建立高校教学质量评价和咨询机构，实行以5年为一周期的全国高校教学质量评价制度。为落实《2003—2007年教育振兴行动计划》，2005年起实施“高等学校教学质量与教学改革工程”，并印发了《教育部关于印发〈关于进一步加强高等学校本科教学工作的若干意见〉的通知》。

2007年，为贯彻落实中共中央、国务院关于高等教育要全面贯彻科学发展观、切实把重点放在提高质量上的战略部署，《教育部关于进一步深化本科教学改革全面提高教学质量的若干意见》出台，并启动了“高等学校本科教学质量与教学改革工程”。

2010年，《国家中长期教育改革和发展规划纲要（2010—2020年）》瞄准长期困扰教育科学发展的难点问题和社会充满期待的热点问题，集中力量重点突破。该文件指出，要牢固确立人才培养在高校工作的中心地位，着力培养信念执着、品德优良、知识丰富、本领过硬的高素质专门人才和拔尖创新人才。把教学作为教师考核的首要内容，把教授和副教授为低年级学生授课作为重要制度。推进和完善学分制，实行弹性学制，促进文理交融。支持学生参与科学研究，强化实践教学环节。加强就业创业教育和就业指导服务。创立高校与科研院所、行业、企业联合培养人才的新机制。全面实施“高等学校本科教学质量与教学改革工程”。严格教学管理。健全教学质量保障体系，改进高校教学评估。

2013 年，《教育部 农业部 国家林业局关于推进高等农林教育综合改革的若干意见》出台。该文件提出，要主动适应国家、区域经济社会和农业现代化需要，促进多学科交叉和融合，培植新兴学科专业，用现代生物技术和信息技术提升、改造传统农林专业。实施“卓越农林人才教育培养计划”。适应农林业创新、国际竞争和交流合作的战略需求，着力开展国家农林教学与科研人才培养改革试点，培养一批高层次、高水平拔尖创新型人才；立足现代农林业发展需要，提升、改造传统农林专业，培养一大批复合应用型人才；面向农林业生产一线以及现代农业和新农村建设需要，深化面向基层的农林教育改革，培养数以万计下得去、留得住、用得上、懂经营、善管理的实用技能型人才。强化实践育人环节，研究制定专业实践能力标准，加强农林专业大学生创业平台建设，新建一批涉农涉林国家级、省级实验教学示范中心，与行业、科研院所和企业联合重点建设 500 个农科教合作人才培养基地，遴选建设一批国家大学生校外实践教育基地。突出学生实践能力和创新创业能力培养。

2017 年，中共中央办公厅、国务院办公厅印发《关于深化教育体制机制改革的意见》。该文件坚持问题导向，系统推进办学模式、育人方式、管理体制、保障机制等改革，掀起一场高等教育全面性的改革和系统性的重构。

2018 年，《教育部关于加快建设高水平本科教育全面提高人才培养能力的意见》印发，明确要求围绕激发学生学习兴趣和潜能深化教学改革。①改革教学管理制度。坚持从严治校，依法依规加强教学管理，规范本科教学秩序。推进辅修专业制度改革，探索将辅修专业制度纳入国家学籍学历管理体系，允许学生自主选择辅修专业。完善学分制，推动健全学分制收费管理制度，扩大学生学习自主权、选择权，鼓励学生跨学科、跨专业学习，允许学生自主选择专业和课程。鼓励学生通过参加社会实践、科学研究、创新创业、竞赛活动等获取学分。支持有条件的高校探索为优秀毕业生颁发荣誉学位，增强学生学习的荣誉感和主动性。②推动课堂教学革命。以学生发展为中心，通过教学改革促进学习革命，积极推广小班化教学、混合式教学、翻转课堂，大力推进智慧教室建设，构建线上线下相结合的教学模式。因课制宜选择课堂教学方式方法，科学设计课程考核内容和方式，不断提高课堂教学质量。积极引导学生自我管理、主动学习，激发求知欲，提高学习效率，提升自主学习能力。③加强学习过程管理。加强考试管理，严格过程考核，加大过程考核成绩在课程总成绩中的比重。健全能力与知识考核并重的多元化学业考核评价体系，完善学生学习过程监测、评估与反馈机制。加强对毕业论文（设计）选题、开题、答辩等环节的全过程管理，对形式、内容、难度进行严格监控，提高毕业论文（设计）质量。综合应用笔试、口试、非标准答案考试等多种形式，全面考核学生对知识的掌握和运用，以考辅教、以考促学，激励学生主动学习、刻苦学习。④强化管理服务育人。按照管理育人、服务育人的理念和要求，系统梳理、修订完善与在校大学生学习、生活等相关的各项管理制度，形成依法依规、宽严相济、科学管用的学生管理制度体系。探索建立大学生诚信制度，推动与国家诚信体系建设相衔接。探索建立反映大学生全面发展、个性发展的国家学生信息管理服务平台，为大学生升学、就业、创业提供权威、丰富的学生发展信息服务。高度重视并加强毕业生就业工作，提升就业指导服务水平，定期发布高校就业质量年度报告，建立就业与招生、人才培养联动机制。⑤深化创新创业教育改革。把深化高校创新创业教育改革作为推进高等教育综合改革的突破口，面向全体、分类施教、结合专业、强化实践，促进学生全面发展。推动创新创业教育与专业教育、思想政治教育紧密结合，深化创新创业课程体系、教学方法、实践训练、队伍建设等关键领域改革。强化创新创业实践，搭建大学生创新创业与社会需求对接平台。加强创新创业示范高校建设，强化创新创业导师培训，发挥“互联网＋”大赛引领推动作用，提升创新创业教育水平。鼓励符合条件的学生参加职业资格考试，支持学生在完成学业的同时，获取多种资格和能力证书，增强创业就业能力。⑥提升学生综合素质。发展素质教育，深入推进体育、美育教学改革，加强劳动教育，促进学生身心健康，提高学生审美和人文素养，在学生中弘扬劳动精神，教育引导学生崇尚劳动、尊重劳动。把国家安全教育融入教育教学，提升学生国家安全意识和提高维护国家安全能力。把生态文明教育融入课程教学、校园文化、社会实践，增强学生生态文明意识。广泛开展社会调查、生产劳动、志愿服务、科技发明、勤工助学等社会实践活动，增强学生表达沟通、团队合作、组织协调、实践操作、敢闯会创的能力。此外，对把思想政治教育贯穿高水平本科教育全过程、推进现代信息技术与教育教学深度融合、构建全方位全过程深融合的协同育人新机制、加强大学质量文化建设等方面的改革也做了部署。

2019 年 2 月 23 日，《中国教育现代化 2035》提出推进教育现代化的指导思想：以习近平新时代中国特色社会主义思想为指导，全面贯彻党的十九大和十九届二中、三中全会精神，坚定实施科教兴国战略、人才强国战略，紧紧围绕统筹推进“五位一体”总体布局和协调推进“四个全面”战略布局，坚定“四个自信”，在党的坚强领导下，全面贯彻党的教育方针，坚持马克思主义指导地位，坚持中国特色社会主义教育发展道路，坚持社会主义办学方向，立足基本国情，遵循教育规律，坚持改革创新，以凝聚人心、完善人格、开发人力、培育人才、造福人民为工作目标，培养德智体美劳全面发展的社会主义建设者和接班人，加快推进教育现代化，建设教育强国，办好人民满意的教育。将服务中华民族伟大复兴作为教育的重要使命，坚持教育为人民服务、为中国共产党治国理政服务、为巩固和发展中国特色社会主义制度服务、为改革开放和社会主义现代化建设服务，优先发展教育，大力推进教育理念、体系、制度、内容、方法、治理现代化，着力提高教育质量，促进教育公平，优化教育结构，为决胜全面建成小康社会、实现新时代中国特色社会主义发展的奋斗目标提供有力支撑。《中国教育现代化 2035》提出了推进教育现代化的八大基本理念：更加注重以德为先，更加注重全面发展，更加注重面向人人，更加注重终身学习，更加注重因材施教，更加注重知行合一，更加注重融合发展，更加注重共建共享。《中国教育现代化 2035》明确了推进教育现代化的基本原则：坚持党的领导、坚持中国特色、坚持优先发展、坚持服务人民、坚持改革创新、坚持依法治教、坚持统筹推进。

2019 年 9 月 29 日，教育部印发《教育部关于深化本科教育教学改革全面提高人才培养质量的意见》，明确要求深化教育教学制度改革。其主要内容包括以下方面。①完善学分制。支持高校进一步完善学分制，扩大学生学习自主权、选择权。建立健全本科生学业导师制度，安排符合条件的教师指导学生学习，制订个性化培养方案和学业生涯规划。推进模块化课程建设与管理，丰富优质课程资源。支持高校建立与学分制改革和弹性学习相适应的管理制度，加强校际学分互认与转化实践，以学分积累作为学生毕业标准。完善学分标准体系，严格学分质量要求，建立学业预警、淘汰机制。学生在基本修业年限内修满毕业要求的学分，应准予毕业；未修满学分，可根据学校修业年限延长学习时间，通过缴费注册继续学习。②深化高校专业供给侧改革。以经济社会发展和学生职业生涯发展需求为导向，构建自主性、灵活性与规范性、稳定性相统一的专业设置管理体系。完善人才需求预测预警机制，推动本科高校形成招生计划、人才培养和就业联动机制，建立健全高校本科专业动态调整机制。以新工科、新医科、新农科、新文科建设引领带动高校专业结构调整优化和内涵提升，做强主干专业，打造特色优势专业，升级改造传统专业，坚决淘汰不能适应社会需求变化的专业。深入实施“六卓越一拔尖”计划 2.0，全面实施国家级和省级一流本科专业建设“双万计划”，促进各专业领域创新发展。完善本科专业类国家标准，推动质量标准提档升级。③推进辅修专业制度改革。促进复合型人才培养，逐步推行辅修专业制度，支持学有余力的全日制本科学生辅修其他本科专业。高校应研究制定本校辅修专业目录，辅修专业应与主修专业归属不同的专业类。原则上，辅修专业学生的遴选不晚于第二学年起始时间。辅修专业应参照同专业的人才培养要求，确定辅修课程体系、学分标准和学士学位授予标准。要结合学校定位和辅修专业特点，推进人才培养模式综合改革，形成特色化人才培养方案。要建立健全与主辅修制度相适应的人才培养与资源配置、管理制度联动机制。对没有取得主修学士学位的学生不得授予辅修学士学位。辅修学士学位在主修学士学位证书中予以注明，不单独发放学位证书。④开展双学士学位人才培养项目试点。支持符合条件的高校创新人才培养模式，开展双学士学位人才培养项目试点，为学生提供跨学科学习、多样化发展机会。试点须报省级学位委员会审批通过后，通过高考招收学生。试点坚持高起点、高标准、高质量，所依托的学科专业应具有博士学位授予权，且分属两个不同的学科门类。试点人才培养方案要进行充分论证，充分反映两个专业的课程要求、学分标准和学士学位授予标准，不得变相降低要求。高校要推进试点项目与现有教学资源的共享，促进不同专业课程之间的有机融合，实现学科交叉基础上的差异化、特色化人才培养。本科毕业并达到学士学位要求的，可授予双学士学位。双学士学位只发放一本学位证书，所授两个学位应在证书中予以注明。高等学历继续教育不得开展授予双学士学位工作。⑤稳妥推进跨校联合人才培养。支持高校实施联合学士学位培养项目，发挥不同特色高校优势，协同提升人才培养质量。该项目须报合作高校所在地省级学位委员会审批。该项目相关高校均应具有该专业学士学位授予权，通过高考招收学生。课程要求、学分标准和学士学位授予标准，不得低于联合培养单位各自的相关标准。实施高校要在充分论证基础上签署合作协议，联合制定人才培养方案，加强学生管理和服务。联合学士学位证书由本科生招生入学时学籍所在的学士学位授予单位颁发，联合培养单位可在证书上予以注明，不再单独发放学位证书。高等学历继续教育不得开展授予联合学士学位工作。⑥全面推进质量文化建设。完善专业认证制度，有序开展保合格、上水平、追卓越的本科专业三级认证工作。完善高校内部教学质量评价体系，建立以本科教学质量报告、学院本科教学评价、专业评价、课程评价、教师评价、学生评价为主体的全链条多维度高校教学质量评价与保障体系。持续推进本科教学工作审核评价和合格评价。要把评价、认证等结果作为教育行政部门和高校政策制定、资源配置、改进教学管理等方面的重要决策参考。高校要构建自觉、自省、自律、自查、自纠的大学质量文化，把其作为推动大学不断前行、不断超越的内生动力，将质量意识、质量标准、质量评价、质量管理等落实到教育教学各环节，内化为师生的共同价值追求和自觉行动。全面落实学生中心、产出导向、持续改进的先进理念，加快形成以学校为主体，教育部门为主导，行业部门、学术组织和社会机构共同参与的中国特色、世界水平的质量保障制度体系。

9.2 新时期教学改革

做好新时期高等教育教学改革，必须明确“为什么要改革”和“怎么改革”两个基本问题，进一步转变观念先“洗脑”，厘清操作再“动手”。

9.2.1 深化人才培养模式改革

人才培养模式改革是落实教育新理念的“总纲”，贯穿于教学改革各个环节。深化新时期人才培养模式改革是落实习近平新时代中国特色社会主义教育思想的需要，是高等教育大众化发展阶段的需要，是建设教育强国、实现教育现代化的要求，是适应“互联网＋”对教育教学提出新挑战的要求，是解决教育立德树人、实践教学、创新能力等方面的培养不足的要求，是各高校人才培养方案确定的人才培养规格的要求。

全面落实中共中央、国务院印发的《关于加强和改进新形势下高校思想政治工作的意见》，以立德树人为根本，以理想信念教育为核心，以社会主义核心价值观为引领，切实抓好思想政治课教育、其他课程思想政治资源挖掘利用与三全育人各方面基础性建设和基础性工作，把思想价值引领贯穿教育教学全过程和各环节，形成教书育人、科研育人、实践育人、管理育人、服务育人、文化育人、组织育人长效机制。

高等教育大众化要求实施分类培养、个性化培养。顺应农业创新驱动发展新要求，加快推进拔尖创新型农林人才培养，加强研究性教学，注重个性化培养，拓宽国际化视野，着力提升学生的创新意识、创新能力和科研素养，培养一批引领农林业创新发展的高层次、高水平农林人才；顺应农村三大产业融合发展新要求，加快推进复合应用型农林人才培养，促进学科交叉融合，加强农科教结合、产学研协作，提高学生综合实践能力，培养一批多学科背景的复合型高素质农林人才；顺应现代农业建设新要求，加快推进实用技能型农林人才培养改革，以提升学生生产技能和经营管理能力为重点，改革教学内容和课程体系，加强技能实训基地建设，培养爱农业、懂技术、善经营的新型职业农民。顺应学生个性化发展的要求，扩大学生学习自主权，激发学生潜质，加快推进学分制改革，降低必修课比例，加大选修课比例，减少课堂讲授时数，增加学生自主学习的时间和空间，拓宽学生知识面，促进学生个性发展。

各高校根据自身定位，确定人才培养要求，为此，必须构建满足人才培养要求的人才培养模式。例如，山西农业大学拔尖创新型人才培养通过本硕统筹模式，加强科教融合，突出创新意识与能力培养；实用技能型人才培养通过产教融合，强化生产实际问题的分析与解决，突出实践技能培养；复合应用型人才培养通过构建双学位教育，拓宽知识学习领域，实现农学、经济学、管理学知识融合学习，突出综合素质与能力培养。

各高校要全面落实《教育部等部门关于进一步加强高校实践育人工作的若干意见》，深化课程体系与课程内容教学改革，加强实践教学基地建设，坚持教育与生产劳动和社会实践相结合，坚持理论学习、创新思维与社会实践相统一，坚持向实践学习、向人民群众学习，为大学生成长成才提供条件，不断增强学生服务国家和人民的社会责任感、勇于探索的创新精神、善于解决问题的实践能力，服务经济发展方式转变、创新型国家和人力资源强国建设。

加强创新创业教育，推进教育强国建设，实现从传授知识到知识、能力、素质的多元培养目标，从接受知识到主动学习、体验学习的转变，把创新创业教育贯穿人才培养全过程，实现学生德智体美劳全面发展。为此，各高校必须做到文理兼容，改革课程体系。各高校要以《国务院办公厅关于深化高等学校创新创业教育改革的实施意见》为指导，以推进素质教育为主题、提高人才培养质量为核心、构建创新人才培养机制为重点、完善条件和政策保障为支撑，促进高等教育与科技、经济、社会紧密结合，制定教学质量标准，健全教育体系，改革教学模式与考试模式，改革教学和学籍管理制度，加强教师创新创业教育教学能力建设，完善创新创业资金支持和政策保障体系。

互联网与教育深度融合，深刻影响教育教学方式与管理方式的变革，是我国实现高等教育“变轨超车”的重要抓手。各高校要以《教育部关于加强网络学习空间建设与应用的指导意见》为指导，以国家数字教育资源公共服务体系与学校网络教学体系为依托，促进信息技术与教育教学实践深度融合，以应用驱动和机制创新为动力，全面加强教育教学空间建设与应用，加快教育信息化转段升级，推动教与学变革，构建“互联网＋教育”新生态，为新时代教学提供强大支撑。

9.2.2 深化课程改革

深化课程改革可从以下几个方面入手。

（1）课程体系改革。课程体系改革包括：注重素质教育，把人文思想教育和自然科学教育融入人才培养全过程，把德育、智育、体育、美育有机结合，通过文理交叉融合，实现课程有机结合，促进大学生综合素养的全面提高；发展素质教育，深入推进体育、美育教学改革，加强劳动教育，促进学生身心健康；把国家安全、生态文明教育融入教育教学；广泛开展社会调查、生产劳动、志愿服务、科技发明、勤工助学等社会实践活动，增强学生表达沟通、团队合作、组织协调、实践操作、敢闯会创的能力；进一步加强学生专业知识教育，着力提升学生专业能力；建立与经济社会发展相适应的课程体系；根据人才培养目标，调整优化课程结构，开发优质课程资源，开设学科前沿课程；加强特色通识课程建设；注重体现现代生物科技的新的课程建设；促进学科融合，用现代生物技术、信息技术、工程技术改造提升现有专业；加强学生实践教学，健全动物科学专业特色创新创业教育体系。

（2）课程内容改革。课程内容改革包括：注重系统性与时代性的统一，实现与时俱进，及时用畜牧业发展的新理论、新知识、新技术更新教学内容，将学术前沿与时代热点融入教学内容，如畜产品安全、畜禽养殖污染、智慧畜牧业；围绕“五位一体”战略布局调整教学内容，适应生态文明、现代畜牧业、健康中国与乡村振兴战略的社会需要，强化“课程思想政治”建设，建立课程、专业、学科“三位一体”的思想政治教育教学体系，推动形成专业课教学与思想政治课教学紧密结合、同向同行的育人格局。

（3）教学方法改革。教学方法改革包括：以学生发展为中心促进教学革命、学习革命，构建开放、多样、灵活的课堂；改革课堂空间结构，积极推广小班化教学、导师制教学；实施启发式、探究式、讨论式、混合式、翻转式、项目式、专题式、案例式等教学方法，构建线上线下相结合、课前课上课后相结合的教学模式，系统教学与模块教学相配套，注重因材施教、寓教于研、寓教于乐，实现学生学思结合，加强培养学生批判性思维和创新意识；实践教学要突出提高学生动手能力。

（4）考试制度改革。考试制度改革包括：构建以能力为导向的多元评价，突出考核学生学习能力、实践能力和创新能力，健全能力与知识考核并重的多元化学业考核评价体系；加强考试管理，严格过程考核，改革考试形式，加大过程考核成绩在课程总成绩中的比重；综合应用笔试、口试、非标准答案考试等多种形式，全面考核学生对知识的掌握和运用，实现以考辅教、以考促学，激励学生主动学习、刻苦学习。

（5）教材建设改革。教材建设改革包括：创新教材呈现方式和话语体系，实现理论体系向教材体系转化、教材体系向教学体系转化、教学体系向学生的知识体系和价值体系转化，使教材更加体现科学性、前沿性，进一步增强教材的针对性和实效性。一些课程讲授内容与教材严重脱节，是教师的授课问题还是教材建设落后，需要深入思考和改进。

9.2.3 深化教学管理改革

深化教学管理改革可从以下几个方面入手。

（1）管理体制改革。管理体制改革包括：创新教学组织设置形式，建立以课程群为基础的扁平化管理体制；创新教学管理方式，构建基于智慧校园的教学管理制度；改革课程学时计分办法，激励教师推进教学改革；积极探索导师制人才培养模式。

（2）学分制管理改革。学分制管理改革包括：允许学生自主选择专业和课程，扩大学生学习自主权、选择权；建立 MOOC 学分认定制度；

制定学生跨学科、跨专业学习学分认定制度；制定学生参加社会实践、科学研究、创新创业、竞赛活动等学分认定制度；制定学生跨学校学分认定办法；推动健全学分制收费制度。

（3）评价制度改革。评价制度改革包括如下方面。①改革课堂教学评价制度。改革考试成绩管理与评价制度，健全形成性评价与终结性评价相结合的课程成绩评价办法，增加课堂问答、平时测验、课程作业、课程论文、实验报告等在课程评价中的比重。②建立以课程群为基础的课程成绩评价标准化制度，严格试卷评阅规范，强化考试评价分析标准化管理，推动课程教学目标的达成。③深化教师考核评价制度改革，坚持分类指导与分层次评价相结合，根据不同岗位教师职责特点，实施教师分类管理和分类评价；加强对教师育人能力和实践能力的评价与考核，加强教师教学业绩考核，落实教师专业技术职务晋升中本科教学工作考评一票否决制；在专业技术职务评聘、绩效考核和津贴分配中把教学质量和科研水平作为同等重要依据，对主要从事教学工作的人员，提高基础性绩效工资额度。

（4）完善督导评价机制。完善督导评价机制包括：把人才培养水平和质量作为评价大学的首要指标，突出学生中心、产出导向、持续改进，激发高校追求卓越，将质量文化建设内化为全校师生的共同价值追求和自觉行为，形成以提高人才培养水平为核心的质量文化；形成动态监测、定期评价和专项督导的评估体系。建设高等教育质量监测数据平台，利用互联网和大数据技术，形成覆盖教育全流程、全领域的质量监测网络体系；建立评价结果公示和约谈、整改复查机制；发挥专家和社会机构在质量评价中的作用；充分发挥教学指导委员会、教学工作评估专家在标准制定、评价监测及学风建设方面的作用；充分发挥行业部门在人才培养、需求分析、标准制定和专业认证等方面的作用。

9.2.4 深化支撑条件变革

（1）加快教育云平台建设。加快教育云平台建设包括：打造适应学生自主学习、自主管理、自主服务的智慧课堂、智慧实验室、智慧校园，推动互联网、大数据、人工智能、虚拟现实等现代信息技术在教学和管理中的应用；推进在线课程建设，建设虚拟仿真实验教学项目，推出线上线下精品课程，助力混合式教学和在线教育。

（2）教师实践能力建设。教师实践能力建设包括：加强“双师型”教师队伍建设，建立专职教师到企业挂职顶岗制度；聘请科研院所、涉农涉林企业中生产、科研、管理一线专家担任兼职教师；加强专业教师“双师”素质培养和“双师”结构专业教学团队建设；实施互聘“千人计划”，选派骨干教师到农林企业挂职，参与农林企业的生产实践工作；选派农（林）科院专家、农林企业人员到高校任职，承担相应教学任务。

（3）教室改革。教室改革包括：制定学生班级标准，按照大班不超过 100 人、中班不超过 60 人、小班不超过 30 人的标准编制班级；调整教室结构，做到大教室（100 人）、中教室（60 人）、小教室（30 人）的有机统一，固定座位教室与活动座位教室的相互配合，有效支撑小班化、讨论式、翻转式教学需要；加强教室信息化建设，适应现代教学的改革需求。

（4）构建“暑期学习班”、书院等学习平台。

（5）构建支撑现代化教学的教务管理系统，满足多样化考试与选课的需要。

9.2.5 三全育人机制的构建

构建三全育人机制，是开放办学、融合发展、教育国际化的基本要求。要坚持国际国内相结合、产学研相结合、校内校外相结合，推进高校与实务部门、科研院所、行业企业合作办学、合作育人、合作就业、合作发展。完善培养目标协同、教师队伍协同、资源共享协同、管理机制协同的全流程协同育人机制，促进协同培养人才制度化。深化科研体制改革，坚持以高水平的科研支撑高质量的人才培养。

三全育人要有组织保障、制度保障，要有方法、案例、效果，能够长期、有效、稳定地实施，有记录支撑、课程设置、覆盖面和明确的目标针对性。当前，三全育人机制重点是落实中共中央、国务院《关于加强和改进新形势下高校思想政治工作的意见》，加强和改进高校思想政治工作，事关“办什么样的大学、怎样办大学”的根本问题，事关党对高校的领导，事关中国特色社会主义事业后继有人，是一项重大的政治任务和战略工程。

淮南师范学院从10个方面开展三全育人的探索，很有借鉴价值。其主要做法：①统筹推进课程思想政治育人，坚持用好课堂教学主渠道，发挥老中青骨干教师善于结合时事热点、企业案例开展授课的特点，充分挖掘和运用教师所授课程中蕴含的思想政治教育资源，使经管类专业课程共同“守好一段渠，种好责任田”，形成与思想政治课同向同行的协同效应。②着力加强科研育人，通过师生共同参与科研项目、积极申报国家级大学生创新创业训练计划，合作参加“互联网＋”创新创业大赛、“国元证券杯”金融投资大赛等活动，引导师生树立正确的政治方向、价值取向和学术导向。③扎实推动实践育人，坚持理论教育与实践相结合，通过“暑期三下乡”实践活动、“未来企业家”创业大赛、创建淮南市学雷锋活动示范点、大学生党员先锋论坛等载体，教育引导师生体验世情、国情、党情、社情、民情，强化家国情怀。④深入开展文化育人，坚持以文化人和以文育人，通过强化楼宇文化建设与“班级文化建设年”“国学大讲堂”等特色鲜明的活动，充分发挥校园文化的浸润、感染、熏陶作用，坚定文化自信。⑤创新推动网络育人，整合网上教育教学资源，建设并运用好网络新媒体，通过学院网页、“学习为民”“淮师经管新青年”两个微信公众号及易班网平台，集课堂支撑、教学互动、自主学习、学生教育于一体，努力打造指尖上的思想政治教育平台。⑥注重发挥心理育人，坚持育心与育德相结合，通过新生心理普测与心理咨询室建设，开展“5·25”主题教育系列活动，构建了“学校、学院、班级、宿舍、学生”5级预防体系，完善了心理健康普查、心理危机报告、跟踪反馈等机制，强化对重点学生的关注和指导，初步建立了“小问题不出班级、中度问题不出学院、重度问题不出校园”的干预模式，实现了重点人群家校无缝对接，促进了师生心理健康素质与思想道德素质、科学文化素质协调发展。⑦切实强化管理育人，学院学生工作领导小组结合实际，制定了《经管学院教风学风建设一体化工作方案》《经管学院社会责任学分、创新学分认定办法》等一系列操作性强的规章制度，把规范管理的严格要求和春风化雨、润物无声的教育方式相结合，进一步健全依法治院、管理育人的制度体系。⑧不断深化服务育人，通过开展“三进三同”“三进三出”“爱心敲敲门”“义务包扎凳腿”等党员主题活动，把解决实际问题与解决思想问题相结合，在关心人、帮助人、服务人中教育人、引导人。⑨全面推进资助育人，通过“爱心结对帮扶”“党政领导走访慰问”等形式，把 “扶困”与“扶智”“扶志”结合起来，培养学生自立自强、诚实守信、知恩感恩、勇于担当的良好品质。⑩积极优化组织育人，通过“学生公寓党员工作站”与“大学生党员先锋论坛”平台，把组织建设与教育引领结合起来，强化各类组织的育人职责，激发各方面协同育人热情，形成多方育人合力，以“十大”育人载体为平台，不断完善经管学院全员、全过程、全方位的三全育人工作新体系。2012 年以来，学院连续六年获评就业先进单位，连续三年被评为就业标兵单位，学院党委学生第三党支部被评为“安徽省先进基层党组织”，学院关工委被评为“安徽省教育系统十佳关工委组织”，学院党委与团总支连续多年被评为“学校先进基层党组织”与“优秀基层团组织”荣誉称号，“学生公寓党员工作站”被评为学校优秀党站，这些成绩的取得正是对学院三全育人工作的有力支撑与生动注释。

新时代教育改革涉及面广、环节多，其中三全育人的思想政治教育与人才培养体制改革、“金课”建设与“互联网＋教育”改革是牵动新时代教育改革的主线，是建设新农科的重要抓手。

实践发展永无止境，解放思想永无止境，改革开放也永无止境。改革要坚持稳中求进的总基调，在总结原有经验和巩固已有成果的基础上，立足发展新形势，坚持问题导向与目标导向，抓重点，力争在广度、深度上有新突破，卓越人才培养才能有新进展。

第10章 经费保障

经费是做好一切工作的根本保障。卓越专业建设涉及面广，改革力度大，教学条件建设、师资队伍建设与课程建设都需要大量的经费投入。专业认证标准（三级）要求教学日常运行支出占生均拨款总额与学费收入之和的比例不低于15%；有固定经费用于教学研究、课程建设、教材建设、实践教学基地建设和实验室建设等专业建设。

10.1 标准要求

10.1.1 教学质量标准

教学质量标准包括以下几个方面。

（1）生均年日常教学经费。生均年日常教学经费每学年不低于1000元或学费的25%。根据培养目标，教学经费能较好地支撑人才培养需要，且随着教育事业经费的增长而稳步增长。

（2）新增教学科研仪器设备总值。平均每年新增或更新教学科研仪器设备总值不小于总价值的10%。

（3）新专业开办仪器设备价值。新开办的动物科学专业，教学科研仪器设备总价值不低于300万元，且生均教学科研仪器设备总值不低于5000元。

（4）仪器设备维护费用。专业年均仪器设备维护费不低于仪器设备总值的1%或总额超过10万元。

10.1.2　专业认证标准

专业认证标准（二、三级）对经费的要求如表 10-1 所示。

表 10-1　专业认证标准（二、三级）对经费的要求

观察点	二级	三级
经费保障	教学运行经费足额投入，专业建设经费满足学生培养需求	有制度和措施保证教学运行经费足额投入并逐年增长，生均经费高于学校平均水平。专业建设经费满足学生培养需求，有固定经费用于教学研究、课程建设、教材建设、实践教学基地建设和实验室建设等
教学经费	专业建设经费满足学生培养需求，教学日常运行支出占生均拨款总额与学费收入之和的比例不低于 13%，生均教学日常运行支出不低于学校平均水平，生均教育实践经费支出不低于学校平均水平	专业建设经费满足学生培养需求，教学日常运行支出占生均拨款总额与学费收入之和的比例不低于 15%，生均教学日常运行支出高于学校平均水平，生均教育实践经费支出高于学校平均水平

注：要求用于专业培养的仪器设备固定资产总额在 1000 万元以上，并逐年增长。

10.2　经 费 核 算

综合教学质量标准和专业认证标准要求，高校教学经费应设置教学运行经费、教育实践经费与专业建设经费 3 个二级科目，其中专业建设经费应设置教学研究、课程建设、教材建设、实践教学基地建设和实验室建设 5 个小专项。

10.2.1　教学运行经费

教学运行经费的标准指标计算方法为：教学日常经费÷（生均拨款总额＋学费收入）×100%≥15%，并高于学校各专业的平均水平；生均日常教学活动经费每学年不低于 1000 元或学费的 25%，且随着教育事业经费的增长而稳步增长。

其中，教学日常经费、生均拨款总额、学费收入的内涵依据《普通高等学校本科教学工作合格评估方案》，具体如下。①教学日常经费指专业开展教学活动及其辅助活动发生的支出，仅指教学基本支出中的商品和服务支出（302 类），不包括教学专项拨款支出，具体包括教学教辅部门发生的办公费（含考试考务费、手续费等）、印刷费、咨询费、邮电费、交通费、差旅费、出国费、维修（护）费、租赁费、会议费、培训费、专用材料费（含体育维持费等）、劳务费和其他教学商品和服务支出（含学生活动费、教学咨询研究机构会员费、教学改革科研业务费、委托业务费等），取会计决算数。②生均拨款总额指中央和地方财政通过一般预算安排用于支持高校发展的经费，按在校生人数折算的平均水平，包括基本支出和项目支出，不含中央财政安排的专项经费。其中，专业本科生生均拨款总额指按专业本科生在校生人数折算的拨款总额。专业专科生生均拨款总额指按专业专科生在校生人数折算的拨款总额。③学费收入指普通本科专业学费收入，即按照核准收费标准实际收取的本科专业学费总额（只统计学费，不含住宿费、教材费等其他收费）。

可见，教学日常经费包括维修（护）费与教学改革科研业务费，容易与专业建设经费中的实验室建设费和教学研究费相混淆。

案例：某学校财政生均拨款总额为 12 000 元，学费平均为 4 500 元，该专业有学生 400 名（每年招生 100 名），该专业的教学日常经费＝（12 000 元/名＋4 500 元/名）×400 名×15%＝990 000（元）（三级标准）。

根据本专业教学质量标准计算：1 000 元/名×400 名＝400 000（元）或者 4 500 元/名×400 名×25%＝450 000（元）。

10.2.2 教育实践经费

《普通高等学校本科教学工作合格评估方案》中的教育实践经费，指用于教育见习、教育实习、教育研习等教育实践活动的经费总额，不含实验室列入固定资产的设备购置经费，即通常说的“双创”实习、课程实习、专业实习、毕业实习中发生的费用。该项支出本身就是教学常规工作，各高校通常将该项费用与教学日常运行费混合使用。

10.2.3　专业建设经费

根据专业认证标准要求各高校设立经费专项，也可根据高校组织设置情况设立专业建设费大专项，下设教学研究、课程建设、教材建设、实践教学基地建设和实验室建设 5 个小专项。

专业认证标准没有明确规定财务支出额度，根据本专业教学质量标准对实验室仪器设备建设的规定，新开办动物科学专业，教学科研仪器设备总价值不低于 300 万元，且生均教学科研仪器设备总值不低于 5000 元；要求年均新增或更新教学科研仪器设备总值不小于总价值的 10%；仪器设备维护费用不低于仪器设备总值的 1%或总额超过 10 万元。

同样以 400 名学生核算，按照生均教学科研仪器设备总值不低于 5000 元的标准，仪器设备总值要求为 200 万元。专业建设标准要求不低于 300 万元，可满足 600 名学生的需求。每年需要仪器设备购置费为 300 万元×10%＝30（万元）；仪器设备维护费为 300 万元×1%＝3（万元），可按 10 万元计算，实验室仪器设备费至少需要 40 万元。

实际上，专业认证标准要求的支出项目还有很多，如教师发展费用的支出，包括教师岗前培训费、国内外访学费、教学技能培训费，以及图书资料购置费等。

各高校要加大学科建设费、科学研究费、社会服务收入、社会赞助费等对教学的投入，确保本科教学经费满足专业认证标准要求。

参考文献

陈晓阳，姜峰，郭燕锋，2018．“三本位”理念下高校卓越农林人才协同培养的思路、实践及成效[J]．中国农业教育（5）：1-6．

国家教委，农业部，林业部，1994．国家教委、农业部、林业部关于印发《关于进一步推进高等农林教育改革和发展的若干意见》的通知[EB/OL]. (1994-06-20)[2019-06-23]. http://www.chinalawedu.com/falvfagui/fg22598/57547.shtml.

国家教育委员会，1988．高等学校教材工作规程（试行）（1988 年 11 月 5 日颁布）[EB/OL]. https://www.shsmu.edu.cn/jwc/info/1015/1549.htm,2014-01-03.

国家中长期教育改革和发展规划纲要工作小组办公室，2010．国家中长期教育改革和发展规划纲要（2010—2020 年）[EB/OL].(2010-07-29)[2019-04-15]. http://old.moe.gov.cn/publicfiles/business/htmlfiles/moe/info_list/201407/xxgk_171904.html.

国务院，2004．2003—2007 年教育振兴行动计划：国发〔2004〕5 号 [EB/OL]. (2004-03-03)[2019-03-20]. http://www.gov.cn/zhengce/content/2008-03/28/content_5687.htm.

国务院办公厅，2015．国务院办公厅关于深化高等学校创新创业教育改革的实施意见：国办发〔2015〕36 号[EB/OL]. (2015-05-04)[2019-03-21]. http://www.gov.cn/zhengce/content/2015-05/13/content_9740.htm.

国务院办公厅，2016．国务院办公厅关于强化学校体育促进学生身心健康全面发展的意见：国办发〔2016〕27 号[EB/OL]. (2016-04-21)[2019-03-23]. http://www.gov.cn/zhengce/content/2016-05/06/content_5070778.htm.

国务院办公厅，2018．国务院办公厅关于进一步调整优化结构提高教育经费使用效益的意见：国办发〔2018〕82 号 [EB/OL]. (2018-08-17)[2019-03-28]. http://www.gov.cn/zhengce/content/2018-08/27/content_5316874.htm.

国务院学位委员会，2019．国务院学位委员会关于印发《学士学位授权与授予管理办法》的通知：学位〔2019〕20 号 [EB/OL]. (2019-07-26)[2019-08-15]. http://www.gov.cn/xinwen/2019-07/26/content_5415724.htm.

哈佛委员会，2010．哈佛通识教育红皮书[M]．李曼丽，译．北京：北京大学出版社．

教育部，1998．高等学校教学管理要点：教高司〔1998〕33 号[EB/OL]. (1998-04-10)[2019-10-10]. http://www.cucn.edu.cn/jxgl/520.html.

教育部，2001．教育部关于印发《关于加强高等学校本科教学工作提高教学质量的若干意见》的通知 [EB/OL]. (2001-08-28)[2019-09-12]. http://old.moe.gov.cn//publicfiles/business/htmlfiles/moe/moe_18/200108/241.html.

教育部，2002．教育部关于印发《全国普通高等学校体育课程教学指导纲要》的通知：教体艺〔2002〕13 号[EB/OL]. (2002-08-06)[2019-09-15]. http://old.moe.gov.cn/publicfiles/business/htmlfiles/moe/moe_28/201001/80824.html.

教育部，2004. 教育部关于印发《普通高等学校基本办学条件指标（试行）》的通知：教发〔2004〕2 号[EB/OL]. (2004-02-06)[2019-09-20]. http://old.moe.gov.cn/publicfiles/business/htmlfiles/moe/s7050/201412/xxgk_180515.html.

教育部，2005. 教育部关于印发《关于进一步加强高等学校本科教学工作的若干意见》的通知：教高〔2005〕1 号[EB/OL]. (2005-01-01)[2019-09-20]. http://old.moe.gov.cn/publicfiles/business/htmlfiles/moe/moe_734/200507/8296.html.

教育部，2006. 教育部办公厅关于印发《全国普通高等学校公共艺术课程指导方案》的通知：教体艺厅〔2006〕3 号[EB/OL]. (2006-03-08)[2019-09-22]. http://www.moe.gov.cn/srcsite/A17/moe_794/moe_624/200603/t20060308_80347.html.

教育部，2007. 教育部关于进一步深化本科教学改革全面提高教学质量的若干意见：教高〔2007〕2 号[EB/OL]. (2007-02-17)[2019-09-30]. http://old.moe.gov.cn/publicfiles/business/htmlfiles/moe/moe_1623/201001/xxgk_79865.html.

教育部，2011. 教育部关于切实加强和改进高等学校学风建设的实施意见：教技〔2011〕1 号[EB/OL].(2011-12-02)[2019-09-30]. http://old.moe.gov.cn/publicfiles/business/htmlfiles/moe/s6280/201408/172770.html.

教育部，2012. 教育部关于全面提高高等教育质量的若干意见：教高〔2012〕4 号 [EB/OL]. (2012-03-16)[2019-09-30]. http://old.moe.gov.cn/publicfiles/business/htmlfiles/moe/s6342/201301/xxgk_146673.html.

教育部，2014. 教育部关于印发《完善中华优秀传统文化教育指导纲要》的通知：教社科〔2014〕3 号[EB/OL].(2014-03-28)[2019-09-30]. http://www.moe.gov.cn/srcsite/A13/s7061/201403/ t20140328_166543.html.

教育部，2016. 教育部关于中央部门所属高校深化教育教学改革的指导意见：教高〔2016〕2 号[EB/OL].(2016-07-04)[2019-09-30]. http://www.moe.gov.cn/srcsite/A08/s7056/201607/t20160718_272133.html.

教育部，2017. 教育部关于数字教育资源公共服务体系建设与应用的指导意见：教技〔2017〕7 号[EB/OL]. (2017-12-22)[2019-09-30]. http://www.moe.gov.cn/srcsite/A16/s3342/201802/t20180209_327174.html.

教育部，2017. 教育部关于印发《普通高等学校健康教育指导纲要》的通知：教体艺〔2017〕5 号 [EB/OL]. (2017-06-19)[2019-09-30]. http://www.moe.gov.cn/srcsite/A17/moe_943/moe_946/201707/t20170710_308998.html.

教育部，2018. 教育部关于加快建设高水平本科教育全面提高人才培养能力的意见：教高〔2018〕2 号[EB/OL]. (2018-10-08)[2019-09-30]. http://www.moe.gov.cn/srcsite/A08/s7056/201810/t20181017_351887.html.

教育部，2018. 教育部关于加强新时代高校“形势与政策”课建设的若干意见：教社科〔2018〕1 号 [EB/OL]. (2018-04-13)[2019-09-30]. http://www.moe.gov.cn/srcsite/A13/moe_772/201804/

t20180424_334097.html.

教育部，2018．教育部关于印发《新时代高校思想政治理论课教学工作基本要求》的通知：教社科〔2018〕2 号 [EB/OL]. (2018-04-13)[2019-09-30]. http://www.moe.gov.cn/srcsite/A13/moe_772/201804/t20180424_334099.html.

教育部，2019．教育部关于加强网络学习空间建设与应用的指导意见：教技〔2018〕16 号[EB/OL]. (2019-01-16)[2019-09-30]. http://www.moe.gov.cn/srcsite/A16/s3342/201901/t20190124_367996.html.

教育部，2019．教育部关于切实加强新时代高等学校美育工作的意见：教体艺〔2019〕2 号[EB/OL]. (2019-04-02)[2019-09-30]. http://www.moe.gov.cn/srcsite/A17/moe_794/moe_624/201904/ t20190411_377523. html.

教育部，2019．教育部关于深化本科教育教学改革全面提高人才培养质量的意见：教高〔2019〕6 号[EB/OL]. (2019-10-08)[2019-10-10]. http://www.moe.gov.cn/srcsite/A08/s7056/201910/t20191011_402759.html.

教育部，等，2018．教育部等五部门关于印发《教师教育振兴行动计划（2018—2022 年）》的通知：教师〔2018〕2 号[EB/OL]. (2018-03-22)[2019-09-30]. http://www.moe.gov.cn/srcsite/A10/s7034/201803/t20180323_331063.html.

教育部，等，2012．教育部等部门关于进一步加强高校实践育人工作的若干意见：教思政〔2012〕1 号 [EB/OL]. (2012-01-10)[2019-09-30]. http://www.moe.gov.cn/srcsite/A12/moe_1407/s6870/201201/t20120110_142870.html.

教育部，农业部，林业局，2013．教育部 农业部 林业局关于推进高等农林教育综合改革的若干意见：教高〔2013〕9 号 [EB/OL]. (2013-12-11)[2019-09-30]. http://www.moe.gov.cn/srcsite/A08/moe_740/s3863/201312/t20131211_166947.html.

教育部，农业部，国家林业局，2013．教育部 农业部 国家林业局关于实施卓越农林人才教育培养计划的意见：教高函〔2013〕14 号[EB/OL].(2013-12-03)[2019-09-30]. http://www.moe.gov.cn/srcsite/A08/moe_740/s7949/201312/t20131203_166946.html.

教育部，农业农村部，国家林业和草原局，2018．教育部 农业农村部 国家林业和草原局关于加强农科教结合实施卓越农林人才教育培养计划 2.0 的意见：教高〔2018〕5 号 [EB/OL]. (2018-10-08)[2019-09-30]. http://www.moe.gov.cn/srcsite/A08/moe_740/s7949/201810/t20181017_351891.html.

教育部，中央军委国防动员部，2019．教育部 中央军委国防动员部关于印发《普通高等学校军事课教学大纲》的通知：教体艺〔2019〕1 号 [EB/OL]. (2019-01-18)[2019-09-30]. http://www.moe.gov.cn/srcsite/A17/moe_1061/s3289/201902/t20190201_368799.html.

教育部办公厅，2008．教育部办公厅关于印发《大学生职业发展与就业指导课程教学要求》的通知：教高厅〔2007〕7 号 [EB/OL]. (2008-01-16)[2019-09-28]. http://www.moe.gov.cn/s78/A08/moe_745/tnull_11260.html.

教育部办公厅，2011. 教育部办公厅关于普通高等学校本科教学合格评估的通知：教高厅〔2011〕2 号 [EB/OL].(2011-12-30)[2019-09-30]. http://wgxy.imac.edu.cn/html-jwc/zljk/20180811/5678.shtml.

教育部办公厅，2012. 教育部办公厅关于印发《普通本科学校创业教育教学基本要求（试行）》的通知：教高厅〔2012〕4 号[EB/OL]. (2012-08-01)[2019-09-30]. http://www.moe.gov.cn/srcsite/A08/s5672/201208/t20120801_140455.html.

教育部办公厅，2018. 教育部办公厅关于印发《教育部高等学校教学指导委员会章程》的通知：教高厅〔2018〕4 号 [EB/OL]. (2018-12-25)[2019-09-30]. http://www.moe.gov.cn/srcsite/A08/s5653/201901/t20190102_365705.html.

教育部高等教育司，2007. 关于启动“第二类特色专业建设点”申报工作的通知：教高司函〔2007〕134 号[EB/OL]. (2007-08-20)[2019-09-27]. http://www.moe.gov.cn/srcsite/A08/s7056/200708/t20070820_124770.html.

教育部高等学校教学指导委员会，2018. 普通高等学校本科专业类教学质量国家标准：下[M]. 北京：高等教育出版社.

吕建秋，2012. 高校技术转移的实证分析：以温氏集团与华南农业大学的校企合作为例[J]. 科技管理研究（22）：111-113.

山西省教育厅，2019. 山西省教育厅关于加强高等学校基层教学组织建设的指导意见：晋教高〔2019〕11 号 [EB/OL]. (2019-03-15)[2019-10-10]. http://jyt.shanxi.gov.cn/jgsz/jgcs/gdjyc/csgz8/201903/t20190321_522920.html.

吴岩，2018. 关于加快建设高水平本科教育情况介绍[EB/OL]. (2018-06-22)[2019-10-10]. http://www.moe.gov.cn/jyb_xwfb/xw_fbh/moe_2069/xwfbh_2018n/xwfb_20180622/sfcl/201806/t20180621_340511.html.

习近平，2018. 习近平出席全国教育大会并发表重要讲话[EB/OL]. (2018-09-10)[2019-10-10]. http://www.gov.cn/xinwen/2018-09/10/content_5320835.htm.

习近平，2018. 在北京大学师生座谈会上的讲话[M]. 北京：人民出版社.

谢和平，2018. 以课堂教学改革为突破口的一流本科教育川大实践[J]. 中国大学教学（12）：17-23.

曾志将，瞿明仁，黄路生，2010. 国家二类特色专业“动物科学”建设与实践[J]. 江西农业大学学报（社会科学版），9（4）：130-133.

张德祥，2016. 高校一流学科建设的关系审视[J]. 教育研究（8）：33-46.

张高文，赵西坡，李学锋，2019. 基于 OBE 理念的人才培养目标评价机制的构建与实施[J]. 大学教育（1）：18.

中共教育部党组，2018. 中共教育部党组关于印发《高等学校学生心理健康教育指导纲要》的通知：教党〔2018〕41 号 [EB/OL]. (2018-07-06)[2019-10-10]. http://www.moe.gov.cn/srcsite/A12/moe_1407/s3020/201807/t20180713_342992.html.

中共中央，1985．中共中央关于教育体制改革的决定[J]. 江西教育(z2): 17-23.

中共中央，国务院，1999．中共中央、国务院关于深化教育改革全面推进素质教育的决定[EB/OL]. (1999-06-13)[2019-10-10]. http://www.law-lib.com/law/law_view1.asp?id=69684.

中共中央，国务院，2017．中共中央 国务院印发《关于加强和改进新形势下高校思想政治工作的意见》[EB/OL]. (2017-02-27)[2019-10-10]. http://www.gov.cn/xinwen/2017-02/27/content_5182502.htm.

中共中央，国务院，2018．中国教育改革和发展纲要：中共中央、国务院 1993 年 2 月 13 日印发[EB/OL]. (2016-10-10)[2018-06-29]. http://www.ynufe.edu.cn/pub/zhzyxy/ywgl/zywj/175475.html.

中共中央，国务院，2018．中共中央 国务院关于全面深化新时代教师队伍建设改革的意见[EB/OL].(2018-01-31)[2019-10-10]. http://www.gov.cn/zhengce/2018-01/31/content_5262659.htm.

中共中央，国务院，2019．中共中央、国务院印发《中国教育现代化 2035》[EB/OL]. (2019-02-23)[2019-10-10]. http://www.gov.cn/zhengce/2019-02/23/content_5367987.htm.

中共中央办公厅，2013．中共中央办公厅印发《关于培育和践行社会主义核心价值观的意见》[EB/OL]. (2013-12-23)[2019-10-10]. http://www.gov.cn/zhengce/2013-12/23/content_5407875.htm.

中共中央办公厅，国务院办公厅，2017．中共中央办公厅 国务院办公厅印发《关于深化教育体制机制改革的意见》[EB/OL]. (2017-09-24)[2019-10-10]. http://www.gov.cn/xinwen/2017-09/24/content_5227267.htm.

中共中央办公厅，国务院办公厅，2017．中共中央办公厅 国务院办公厅印发《关于实施中华优秀传统文化传承发展工程的意见》[EB/OL]. (2017-01-25)[2019-10-10]. http://www.gov.cn/zhengce/2017-01/25/content_5163472.htm.

中共中央办公厅，国务院办公厅，2019．中共中央办公厅、国务院办公厅印发《加快推进教育现代化实施方案（2018－2022 年）》[EB/OL]. (2019-02-23)[2019-10-10]. http://www.gov.cn/xinwen/2019-02/23/content_5367988.htm.

中国农业大学教务处，2017．教改在身边：全面开展本科学业指导[EB/OL].(2017-03-01)[2019-10-10]. http://news.cau.edu.cn/art/2017/3/1/art_8769_501950.html.

附录　专业认证标准内容与本书章节号对照表

标准内容	对应本书章节号
目标定位	1.1.2
目标内涵	
目标评价	
理想信念	2.1.2
三农情怀	
人文素养	
理学素养	
专业综合	
审辨思维	
创新创业	
交流协作	
全球视野	
学习发展	
课程设置	3.2.1
课程内容	3.4.1
课程实施	6.2.1
教学创新	3.4.1
课程评价	3.6；6.2.1
实践教学	3.4.1；6.2.1
基地建设	5.1.2
协同育人	6.2.1
社会实践	3.3.1
师德师风	4.2.2
数量结构	
教学能力	
教学投入	6.2.1
教学组织	6.1.1

续表

标准内容	对应本书章节号
考核评价	6.2.1（教学考核）
教师发展	4.2.2（持续发展）
经费保障	10.1.2
资源保障	5.1.2（基本要求）
科研保障	6.2.1
保障体系	6.2.1
内部监控	
外部评价	
持续改进	
生源质量	7.1
成长指导	
学业监测	
培养质量	
持续支持	
特色发展	第 8 章

后　记

一流专业与一流学科是建设一流大学的两翼，二者缺一不可，互为支撑。“高教大计，本科为本，本科不牢，地动山摇。”自《教育部 农业部 林业局关于推进高等农林教育综合改革的若干意见》(教高〔2013〕9 号）发布，启动“卓越农林人才教育培养计划”以来，建设一流专业已经成为各高等农林院校专业建设的“一号工程”。专业建设系统性强，其中，理念更新是前提，师资与条件建设是基础，课程建设是核心，深化改革是要件，制度经费是保障，学生发展是目标。

卓越专业建设是高校综合改革中一个“难啃的硬骨头”，涉及面广，影响深远，需要每一位教师主动投身改革，每一位教职工积极参与改革，每一位领导自觉推动改革，社会各界助力改革。

卓越专业建设是教育强国建设的必经之路，任务艰巨而使命光荣。